Meenakshi Choudhary
O. P. Jangir

Active Manuka Honey 20+ UMFR: Uma inovação no tratamento de feridas

Meenakshi Choudhary
O. P. Jangir

Active Manuka Honey 20+ UMFR: Uma inovação no tratamento de feridas

Síntese de nanopartículas de prata e ouro utilizando o mel de Manuka 20+ UMFR ativo contra bactérias causadoras de infecções de feridas

ScienciaScripts

Imprint

Any brand names and product names mentioned in this book are subject to trademark, brand or patent protection and are trademarks or registered trademarks of their respective holders. The use of brand names, product names, common names, trade names, product descriptions etc. even without a particular marking in this work is in no way to be construed to mean that such names may be regarded as unrestricted in respect of trademark and brand protection legislation and could thus be used by anyone.

Cover image: www.ingimage.com

This book is a translation from the original published under ISBN 978-3-330-32943-0.

Publisher:
Sciencia Scripts
is a trademark of
Dodo Books Indian Ocean Ltd. and OmniScriptum S.R.L publishing group

120 High Road, East Finchley, London, N2 9ED, United Kingdom
Str. Armeneasca 28/1, office 1, Chisinau MD-2012, Republic of Moldova, Europe
Printed at: see last page
ISBN: 978-620-7-68813-5

AGRADECIMENTOS

As pequenas conquistas exigem muitas vezes esforços longos e árduos e experiências amargas, incluindo alguns sacrifícios. E isto só é possível se DEUS Todo-Poderoso colocar a sua mão cheia de bênçãos sobre a cabeça de cada um. Eu quero colocar tudo sob os pés de DEUS.

Antes de mais, gostaria de agradecer ao meu admirado orientador**, Prof. P. Jangir**, Professor, Departamento de Biotecnologia, Maharaj Vinayak Global University, Jaipur, que dedicou o seu tempo, paciência, conselhos constantes e orientação adequada ao longo do meu trabalho.

Estou extremamente grato aos professores do meu departamento de biotecnologia. Estou-lhes extremamente grato e em dívida pelos seus conselhos e encorajamentos sábios, sinceros e valiosos.

Estou grato à minha família, especialmente aos meus pais, que sempre me encorajaram a perseguir os meus próprios objectivos. Foi graças ao apoio constante, à compreensão e ao amor da minha família que consegui concluir este trabalho.

Gostaria também de agradecer aos meus amigos e colegas pelo seu encorajamento e apoio moral, que tornaram os meus estudos mais agradáveis. É a eles que eu digo: "Encontramo-nos para nos separarmos, mas, mais importante, separamo-nos para nos encontrarmos".

Meenakshi Choudhary

Prefácio

Vivemos na chamada "era pós-antibiótica", em que o aparecimento de estirpes multirresistentes de agentes patogénicos está a aumentar rapidamente e a introdução e o desenvolvimento de novos agentes antimicrobianos eficazes contra estes agentes patogénicos diminuiu consideravelmente. Por conseguinte, precisamos urgentemente de alternativas eficazes à utilização de antibióticos. A utilização do mel como agente terapêutico remonta a tempos antigos. Recentemente, o interesse por este remédio "natural" aumentou, dando origem a estudos científicos legítimos. O objetivo geral do estudo era aumentar o nosso conhecimento sobre algumas destas alternativas aos antibióticos, centrando-se nas nanopartículas e nos diferentes tipos de mel (incluindo o mel de Manuka ativo) no tratamento de feridas.

As nanopartículas metálicas são de grande interesse para químicos, físicos, biólogos e engenheiros que pretendem utilizá-las para o desenvolvimento de nanodispositivos da próxima geração. No presente estudo, foram sintetizadas nanopartículas de prata e ouro a partir de nitrato de prata aquoso (1 mM) e ácido clorídrico (1 mM), respetivamente, por uma via simples e amiga do ambiente, utilizando diferentes tipos de mel como agente redutor e estabilizador. As nanopartículas de prata e ouro bioreduzidas foram caracterizadas por espetrofotometria UV-Vis, microscopia eletrónica de varrimento (SEM) e espetroscopia de infravermelhos com transformada de Fourier (FTIR).

A investigação sobre o mel demonstrou que o mel de Manuka tem propriedades curativas muito especiais. O mel de Manuka foi descrito como "o melhor antibiótico da natureza". Existem provas consideráveis que sugerem que o efeito antibacteriano do mel se deve a muito mais do que apenas os açúcares contidos no mel. Foi demonstrado que duas fontes principais são responsáveis pela atividade antimicrobiana: o peróxido de hidrogénio (da abelha) e substâncias químicas não caracterizadas (da fonte floral).

Um dos objectivos deste estudo é o de valorizar os recursos melíferos disponíveis através do desenvolvimento de produtos com valor terapêutico (*por exemplo,* para o tratamento e o cuidado de feridas húmidas). A produção destes méis importantes exige que o mel seja recolhido e transformado em condições prescritas. Isto implica a identificação de fontes florais adequadas, o desenvolvimento de métodos de colheita e de transformação, a estimativa dos princípios "activos" e o registo do mel como agente terapêutico. A introdução é apresentada no capítulo 1. A literatura disponível relevante para os objectivos dos presentes estudos é brevemente revista no Capítulo 2. Os materiais utilizados no estudo são apresentados no capítulo 3. Os métodos utilizados são discutidos no Capítulo 4. As observações e os resultados obtidos no decurso destes estudos são apresentados no Capítulo 5. A discussão e as conclusões decorrentes dos resultados obtidos nas várias experiências são examinadas nos capítulos 6 e 7, juntamente com uma lista de referências citadas. A tese contém quadros e figuras relativos aos diferentes estudos, que são mencionados nos capítulos correspondentes.

1) INTRODUÇÃO

Os produtos naturais e os seus derivados (incluindo os antibióticos) representam mais de 50% de todos os medicamentos utilizados clinicamente em todo o mundo. A Organização Mundial de Saúde estima que cerca de 80% das pessoas que vivem nos países em desenvolvimento dependem de plantas colhidas na natureza para parte dos seus cuidados de saúde primários (Elisabetsky *et al.*, 1996). Existem muitos relatórios sobre a atividade antimicrobiana de diferentes extractos de plantas em diferentes partes do mundo (Hammer *et al.*, 1999 e Gulluce *et al.*, 2003). Devido aos efeitos secundários e à resistência que os microrganismos patogénicos desenvolveram aos antibióticos, foi recentemente dada muita atenção aos extractos e aos compostos biologicamente activos isolados de espécies naturais utilizados em fitoterapia. O efeito antibacteriano do mel foi reconhecido pela primeira vez em 1892 por Dustmann (Dustmann, 1989). O mel é um produto natural doce e saboroso, consumido pelo seu elevado valor nutricional e pelos seus efeitos na saúde humana, com propriedades antioxidantes, bacteriostáticas, anti-inflamatórias e antimicrobianas, bem como efeitos na cicatrização de feridas e queimaduras solares (Alvarez-Suarez *et al.*, 2013).

1. Mel

O mel é produzido pelas abelhas a partir dos néctares das plantas, das secreções vegetais e das excreções dos insectos sugadores de plantas. Em termos de perfil nutricional, representa uma fonte notável de macro e micronutrientes naturais, sendo constituído por uma dissolução saturada de açúcares, dos quais a frutose e a glucose são os principais componentes, mas também por uma vasta gama de componentes secundários, nomeadamente compostos fenólicos (Bogdanov *et al.*, 2008 e Alvarez-Suarez *et al.*, 2010). O mel é utilizado há muito tempo como medicamento em várias culturas. No entanto, a sua utilização na medicina é limitada devido à falta de apoio científico (Ali *et al.*, 1991).

Foi redescoberto pela comunidade médica e é cada vez mais aceite como agente antibacteriano para o tratamento de infecções tópicas causadas por queimaduras e feridas (Abuharfeil *et al.*, 1999). É bem sabido que o mel inibe uma vasta gama de espécies de microrganismos. Recentemente, foi relatado que o mel tem um efeito inibidor em aproximadamente 60 espécies de bactérias, incluindo aeróbicas e anaeróbicas, Gram-positivas e Gram-negativas (Hannan *et al.*, 2004).

Existem vários relatórios sobre os efeitos bactericidas e bacteriostáticos do mel, e as propriedades antibacterianas do mel são também muito úteis contra bactérias que desenvolveram resistência a vários antibióticos (Patton *et al.*, 2006). A composição do mel é muito variável e depende inteiramente da sua fonte floral; factores sazonais e ambientais podem mesmo influenciar a sua composição e efeitos biológicos. Numerosos estudos demonstraram que o potencial antioxidante do mel está correlacionado não só com a concentração de fenóis totais presentes, mas também com a cor do mel, tendo os méis de cor mais escura um teor mais elevado de fenóis totais e, consequentemente, uma maior capacidade antioxidante (Alvarez-Suarez *et al.*, 2010). Foi relatado que o mel é eficaz na cicatrização de feridas cirúrgicas infectadas (Al-Waili e Saloom, 1999).

A atividade antimicrobiana in vitro do mel foi descrita por Radwan *et al* (Radwan *et al.*, 1984), que observaram que o mel impedia o crescimento de *Salmonella* e *Escherichia coli*. O mel tem uma forte atividade antibacteriana e é extremamente eficaz na eliminação de infecções em feridas e na sua proteção contra infecções (Boukraa *et al.*, 2008). O mel demonstrou ser eficaz no tratamento de feridas cirúrgicas infectadas, queimaduras e escaras. Proporciona um ambiente húmido à ferida, o que promove a cicatrização, e a sua elevada viscosidade ajuda a formar uma barreira protetora que impede a infeção. As baixas concentrações deste anti-sético mais conhecido são eficazes contra bactérias infecciosas e podem desempenhar um papel no mecanismo de cicatrização de feridas (Molan, 2001) e na estimulação e multiplicação da atividade dos glóbulos brancos e das células do corpo. Além disso, a acidez fina e a baixa libertação de peróxido de hidrogénio promovem a reparação dos tecidos e contribuem para o efeito medicinal (Mullai e Menon, 2007). Em geral, todas as variedades de mel têm um elevado teor de açúcar, mas um baixo teor de água e uma baixa acidez, o que inibe o crescimento de micróbios. A maioria dos méis produz peróxido de hidrogénio quando diluído, devido à ativação da enzima glucose oxidase, que oxida a glucose em ácido glucónico e peróxido de hidrogénio (Schepartz e Subers, 1964). É o peróxido de hidrogénio que mais contribui para a atividade antimicrobiana do mel, e as concentrações totalmente diferentes deste composto em diferentes tipos de mel resultam também em efeitos antimicrobianos diferentes (Molan, 1992). Para além das suas propriedades antimicrobianas, o mel elimina as infecções de várias formas, reforçando o sistema imunitário, exercendo uma ação anti-inflamatória e antioxidante e estimulando o crescimento celular (Al-Jabri, 2005).

1.2 Mel de Manuka

O mel de Manuka caracteriza-se pelo facto de ser o único mel medicinal eficaz que ainda não foi descoberto. O manuka (*Leptospermum scoparium*) é uma planta lenhosa pertencente à família das Myrtaceae. A planta é provavelmente originária da Nova Zelândia e do sudeste da Austrália. O nome "manuka" vem da língua dos Maoris, o povo indígena da Nova Zelândia. Trata-se de uma planta lenhosa decorativa com flores vermelhas, brancas ou cor-de-rosa. No sul da Califórnia, estas plantas encontram-se normalmente em arboretos, jardins e parques. As folhas são normalmente preparadas para fazer chá, razão pela qual também é conhecida como a "árvore do chá da Nova Zelândia". Para além do seu valor estético, esta planta tem a reputação de produzir um mel monofloral saudável. As abelhas recolhem o néctar das flores e transformam-no em mel. A maior parte deste mel é produzida na Nova Zelândia e depois enviada para outros países. O valor sanitário único deste mel é atribuído ao seu teor em substâncias vegetais secundárias, nomeadamente o metilglioxal (Figura 1.1), mas também o peróxido de hidrogénio e a *D-glucono-d-lactona*, extraídos da glicose (oxidação) e da própolis. Devido às suas propriedades antibacterianas, anti-úlceras e cicatrizantes, é informalmente conhecido como "mel medicinal". O mel de Manuka é conhecido pelos seus efeitos curativos nas infecções e inflamações da garganta,

queimaduras, atrofia das gengivas, acne, indigestão e refluxo gastro-esofágico. O mel de Manuka pode ser utilizado tanto a nível interno como externo.

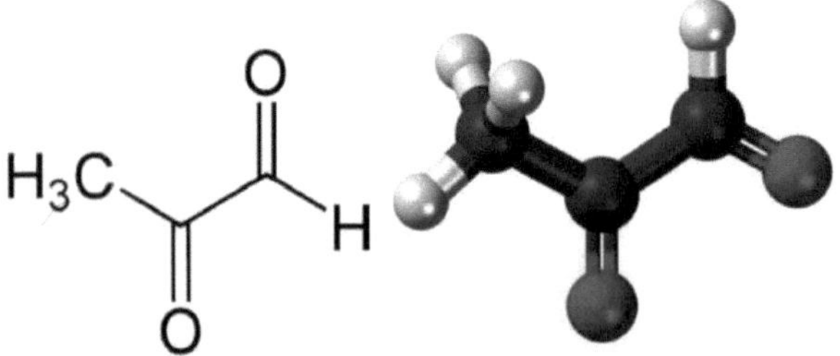

Figura 1.1: Estrutura química do metilglioxal (MGO).

O mel de Manuka tem sido estudado quanto aos seus processos biológicos e composição fitoquímica, a fim de prever possíveis aplicações clínicas. É rico em glucose oxidase, que catalisa a glucose para produzir peróxido de hidrogénio (H2O2), que tem propriedades antibacterianas locais. Produz também *D-glucono-d-lactona*, que baixa o pH do mel e exerce propriedades antibacterianas naturais, para além da elevada osmolaridade do açúcar, o que torna o mel estável na prateleira. A baixa atividade da água do mel (0,6-0,75) também o torna inabitável para muitos microrganismos (Oddo *et al.*, 2008). Além disso, a própolis é outro componente importante do mel, uma vez que o ácido p-cumárico que contém foi encontrado para regular altamente tanto a desintoxicação como os péptidos antimicrobianos *in vivo* em abelhas (*Apis mellifera*) (Mao *et al.*, 2013). O conteúdo de própolis do mel varia devido ao processo de eliminação de substâncias estranhas, como esporos. A própolis também contém galangina, pinocembrina e ácidos fenólicos, que demonstraram ter efeitos anti-inflamatórios em ataques de asma, efeitos protectores na isquemia cerebral e propriedades anti-inflamatórias/antioxidantes (Zha *et al.*, 2013 e Wang *et al.*, 2013). O metilglioxal, um composto orgânico do ácido pirúvico, é o principal composto antibacteriano deste mel. O Unique Manuka Fator (UMF) é uma marca de qualidade utilizada para reconhecer e comercializar o mel de manuka puro.

A atividade antibacteriana de largo espetro do mel de Manuka foi demonstrada em vários estudos clínicos e ensaios bacterianos *in* vivo, desde infecções orais, eczema e irritações cutâneas a infecções intestinais e agentes patogénicos nosocomiais. Foi estudada a capacidade do mel de manuka com UMF 15 para reduzir a placa bacteriana e a expressão clínica da periodontite.

As infecções recorrentes das feridas complicam o processo de cicatrização e agravam a inflamação no local da ferida. As citocinas e vários mediadores inflamatórios podem provocar uma "resposta inflamatória descontrolada" e dificultar o tratamento da ferida (Pesce *et al.*, 2013). O mel de Manuka demonstrou ser eficaz na cicatrização de feridas diabéticas, úlceras de vasos sanguíneos, acne, eczema, psoríase e queimaduras.

1.3 Nanopartículas

A nanotecnologia, que adquiriu uma importância considerável nas ciências biomédicas avançadas durante a última década, tem dimensões semelhantes às das biomacromoléculas. As nanopartículas podem ser construídas para terem funções específicas ou múltiplas e podem ser utilizadas para trabalhos relacionados com a compreensão aprofundada dos mecanismos dos processos bioquímicos. Na análise clínica, o fármaco é incluído, dissolvido, encapsulado ou ligado a uma matriz de nanopartículas. Dependendo da estratégia de preparação, podem obter-se nanopartículas, nanoesferas ou nanocápsulas.

A nanotecnologia evoluiu de forma dinâmica para se tornar um domínio muito importante da investigação moderna, com potenciais implicações para as ciências naturais e a medicina (Glomm, 2005). A nanotecnologia é descrita como a procura da conceção, síntese e manipulação da estrutura de partículas mais pequenas do que 100 nm. Um ramo completamente novo da nanotecnologia é a nanobiotecnologia. A nanobiotecnologia combina princípios biológicos com processos físicos e químicos para desenvolver partículas de dimensão nanométrica com funções específicas. A nanobiotecnologia é uma alternativa económica às estratégias químicas e físicas para a produção de nanopartículas. Estas estratégias de síntese dividem-se em estratégias intracelulares e extracelulares (Ahmad *et al.*, 2003). Devido ao aparecimento de doenças infecciosas causadas por bactérias patogénicas completamente diferentes e ao desenvolvimento de resistência aos antibióticos, as empresas farmacêuticas e os investigadores procuram novos agentes antibacterianos (Rai *et al.*, 2009). Na situação atual, os materiais nanométricos surgiram como novos agentes antimicrobianos devido à sua elevada relação tamanho/volume e às suas propriedades químicas e físicas únicas (Morones *et al.*, 2005 e Kim *et al.*, 2007). A nanotecnologia está a tornar-se um domínio em rápida expansão com aplicações científicas e técnicas para o desenvolvimento de materiais inovadores à escala nanométrica (Albrecht *et al.*, 2006). Por definição, uma nanopartícula é uma partícula cujas três dimensões se encontram à escala nanométrica. É sabido que as nanopartículas existem numa variedade de formas, por exemplo, esférica, triangular, cúbica, pentagonal, em forma de bastão, em forma de taça, elipsoidal, etc.

A prata pode ser um agente antibacteriano inorgânico seguro e não tóxico que tem sido utilizado há centenas de anos e é capaz de matar cerca de 650 tipos de microrganismos causadores de doenças (Jeong *et al.*, 2005). A prata é descrita como "oligodinâmica", uma vez que tem um efeito bactericida mesmo em baixas concentrações (Percival *et al.,* 2005). Tem um potencial significativo para numerosas aplicações biológicas, como antifúngicos, agentes antibacterianos contra bactérias resistentes a antibióticos, prevenção de infecções, cicatrização de feridas e anti-inflamatórios (Taylor *et al.,* 2005). Os iões de prata (Ag+) e os seus compostos são extremamente tóxicos para os microrganismos e têm um forte efeito biocida em diferentes tipos de microrganismos, embora sejam apenas ligeiramente tóxicos para as células animais.

É por isso que os iões de prata são utilizados como um componente antibacteriano na formulação de compósitos de resina dentária, fibras de permuta iónica, cimentos ósseos e revestimentos de dispositivos médicos (Panacek *et al.,* 2006 e Alt *et al.,* 2004).

As nanopartículas de ouro têm vantagens sobre outras nanopartículas metálicas porque são biocompatíveis e não citotóxicas. O ouro tem sido utilizado na medicina humana há 50 anos devido à sua inércia química. O tamanho das nanopartículas de ouro pode ser controlado através da sua síntese e funcionalização com grupos completamente diferentes. As nanopartículas de ouro têm uma vasta gama de aplicações na administração de genes, proteínas e medicamentos, bem como na cicatrização de feridas. Através da reticulação do colagénio com nanopartículas de ouro, biomoléculas como péptidos, factores de crescimento e moléculas de adesão celular podem ser facilmente incorporadas, imobilizando-as na superfície do ouro sem modificar mais a estrutura do colagénio. O colagénio é utilizado principalmente sob a forma de um gel que pode ser utilizado para aplicações de administração de medicamentos e de engenharia de tecidos. Assim que melhoramos o colagénio com nanopartículas de ouro, este apresenta propriedades como a biocompatibilidade, a biodegradabilidade e as propriedades antibacterianas. É por esta razão que as nanopartículas de ouro são utilizadas na cicatrização de feridas. Quando misturamos quitosano gelatinoso com nanopartículas de ouro, este apresenta um efeito seguro e razoável na cicatrização de feridas (Deepachitra *et al.*, 2015).

1.4 Feridas e infecções bacterianas

A pele é uma estrutura de defesa primária constituída por tecidos epidérmicos, dérmicos e subcutâneos; retarda os efeitos dos agentes patogénicos microbianos e protege o tecido muscular subjacente da colonização (Bowler *et al.*, 2001). A perda de integridade estrutural (devido a um corte, punção ou queimadura) reduz a capacidade de defesa da pele e é geralmente referida como uma ferida cutânea. O ambiente quente, húmido e rico em nutrientes das feridas é um ambiente ideal para o crescimento bacteriano devido à exposição do tecido subjacente e ao aumento do fluxo sanguíneo.

No entanto, a maioria das feridas abertas pode estar contaminada com bactérias, mas isso não afecta significativamente a cicatrização. As bactérias atrasam a cicatrização competindo com as células hospedeiras por nutrientes e oxigénio, causando danos através de enzimas citotóxicas e produtos residuais e afectando as respostas imunitárias do hospedeiro.

As contagens bacterianas superiores à média, os organismos multi-resistentes e os biofilmes bacterianos têm um impacto considerável na cicatrização das feridas. A infeção da ferida pode levar à morte dos tecidos, hipoxia local, oclusão vascular e aumento do tamanho da ferida, o que acaba por acelerar o processo de cicatrização (Fong *et al.*, 2006).

Tradicionalmente, pensava-se que a forma mais eficaz de promover a cicatrização era encorajar a desidratação e a formação de crostas. No entanto, a ideia de cicatrização de feridas húmidas desenvolveu-se nos anos 60, depois de ter sido demonstrado experimentalmente que o tempo de cicatrização de feridas era reduzido num ambiente muito húmido (Benbow, 2005). No entanto, também foi claramente demonstrado que um ambiente húmido duplicava o risco de infeção, o que acabou por levar ao desenvolvimento de pensos modernos. Estes mantêm uma atmosfera húmida ao mesmo tempo que formam uma barreira física à infeção (Benbow, 2005).

A elevada osmolaridade impede a propagação de bactérias e promove a cicatrização; este facto pode ser bem aproveitado no tratamento de feridas através da aplicação de pasta de açúcar ou mel. Além disso, pensa-se que o mel tem propriedades antimicrobianas específicas, por exemplo, inibe o crescimento de *S. aureus e Escherichia coli,* mesmo quando diluído até ao ponto em que a osmolaridade deixa de ser restritiva (Moore *et al.*, 2001). Estudos relataram que reduz ligeiramente o tempo de cicatrização de feridas, tem um efeito anti-inflamatório, desodoriza feridas e promove a proliferação e o crescimento de células in vitro (Du Toit DF *et al.*, 2009). Embora se pense que o mel possui uma vasta gama de efeitos antimicrobianos, méis completamente diferentes, como o Manuka (Nova Zelândia), o Heather (Reino Unido) e o Khadi Kraft (Índia), diferem consideravelmente em termos de atividade (Mullai *et al.*, 2007).

A atividade antimicrobiana da maioria dos méis está ligada à produção de peróxido de hidrogénio pela enzima glucose oxidase que, combinada com uma acidez elevada, exerce uma ação antimicrobiana (French *et al.*, 2005). Além disso, factores fitoquímicos não identificados em alguns méis (por exemplo, mel de manuka) exercem uma forte atividade antimicrobiana que não se dissipa sob o efeito do calor ou da luz e permanece eficaz mesmo na forma diluída (Olaitan *et al.*, 2007).

2. REVISÃO DA LITERATURA

2.2 MEL

A abelha melífera ocidental, também conhecida como abelha melífera europeia (Apis mellifera), é uma das mais difundidas das 16.000 espécies de abelhas identificadas (Danforth *et al.*, 2006 e Winston, 1991). As abelhas melíferas têm continuado a evoluir desde meados do período Cretáceo e constituem um importante grupo de insectos polinizadores em todo o mundo (Danforth et *al.*, 2006). A incapacidade das angiospérmicas para efetuar uma polinização cruzada eficiente e a falta de fontes de nutrientes adequadas para as abelhas melíferas levaram à sua evolução partilhada ao longo de milhões de anos (Michez *et al.*, 2008). Esta relação mútua muito importante levou à evolução das nectarinas e à produção de néctar, uma solução nutritiva de açúcar concebida para atrair as abelhas e facilitar a polinização cruzada (Michener, 2000). Mais recentemente (nos últimos 10.000 anos), os seres humanos estabeleceram uma relação com as abelhas melíferas a fim de utilizar a sua capacidade de produzir mel, cera de abelha, própolis, geleia real e veneno de abelha (Bankova, 2005 e Jones, 2009). As crenças cristãs, judaicas, hindus e islâmicas referem as propriedades positivas do mel nos seus respectivos textos religiosos, descrevendo-o como o "néctar da vida" (White *et al.*, 1975). Quaisquer que fossem as propriedades religiosas ou míticas atribuídas ao mel na antiguidade, este foi inicialmente identificado e apreciado como um adoçante natural (Blair, 2009a). Mais tarde, acreditou-se que o mel tinha efeitos terapêuticos, e provas independentes de propriedades medicinais positivas de muitos grupos de pessoas sugerem que esses efeitos não se baseavam apenas em boatos.

2.2.1 Evolução médica do mel

Pensa-se que os antigos egípcios foram uma das primeiras civilizações a utilizar as propriedades medicinais do mel para tratar afecções orais, ópticas e epidérmicas (Jones, 2001). A sua utilização baseava-se mais em provas anedóticas do que em experiências documentadas.

Foi apenas com a publicação de Van Ketel em 1892 que o efeito antimicrobiano do mel foi documentado (Dustmann, 1979). Desde a publicação de Van Ketel, a investigação sobre o mel tem sido objeto de um interesse crescente, que culminou em duas publicações importantes. A primeira foi a publicação de Sackett em 1919, na qual foi estabelecido que o mel diluído tinha uma maior eficácia antibacteriana (Sackett, 1919). A segunda foi a publicação de Dold em 1937, que identificou um composto antibacteriano ou "inibina" que é sensível à luz e ao calor (Molan, 1992b).

Apesar destas descobertas, a investigação sobre o mel foi afastada da prática clínica nos anos 40 e 50 devido à introdução dos antibióticos. A Lei dos Medicamentos de 1968 classificou o mel como um medicamento e não como uma droga, abrindo caminho para a sua introdução na prática clínica. A investigação sobre o mel prosseguiu, mas o trabalho mais significativo foi o de Molan, em 1992, que documentou o aumento da eficácia antibacteriana do mel da Nova Zelândia (Molan, 1992a). O culminar de mais de um século de investigação sobre o mel foi a autorização do primeiro produto de tratamento de feridas à base de mel em 1999 (Cooper, 2005). Desde 1 de março de 2004, 20 produtos diferentes contendo mel como ingrediente ativo foram autorizados para utilização clínica no Reino Unido (Cowan, 2013).

2.3 Mel de Manuka

O mel de manuka é produzido por abelhas que se alimentam do pólen das flores da planta *Leptospermum scoparium* (arbusto de manuka). Este arbusto é muito comum na Nova Zelândia e na Austrália; cresce em muitos sítios durante vários meses e pode ter flores vermelhas, cor-de-rosa ou brancas (Weston *et al.*, 1999).

Figura 2.1: Árvore de Manuka com flores vermelhas, brancas e cor-de-rosa.

Só o mel produzido por abelhas que se alimentam exclusivamente desta planta pode ser chamado de mel de manuka, e presume-se que é algo desta planta que confere ao mel de manuka o seu efeito único.

A atividade antimicrobiana do MGO correlaciona-se quase perfeitamente de forma linear com a do fenol, pelo que a sua atividade pode ser expressa em concentração equivalente de fenol (%w/v), geralmente conhecida como fator único do manuka (UMF) (Atrott e Henle, 2009). A classificação do UMF do mel de manuka aumenta com a atividade antimicrobiana e varia de UMF 5+ (limite de deteção do teste) para cima (Adams *et al.*, 2008). O mel de Manuka embalado em dispositivos médicos para uso clínico deve ser esterilizado e ter uma classificação

UMF de 10+ para garantir uma atividade antimicrobiana eficaz (Molan, 1992a).
O fator único do manuka não é afetado pela enzima catalase presente nos tecidos
do corpo com os quais o mel entra em contacto quando aplicado numa ferida, nem
é afetado pelo calor ou pela luz. Este facto torna-o único, uma vez que os outros
factores responsáveis pela atividade antibacteriana do mel podem ser destruídos
pelas enzimas ou pelo calor. O quadro 2.1 apresenta o fator de atividade do mel
de Manuka.

MEL DE MANUKA 0-4	**Sem atividade detetável** O mel de manuka Multi-Flora é excelente como mel nutritivo para o dia a dia.
MANUKA ACTIVO MEL 5+	**O mel de manuka ativo com um teor médio de ingredientes activos é** ideal como suplemento alimentar, mas não é recomendado para fins terapêuticos específicos.
MANUKA ACTIVO MEL 10+	**O mel de manuka altamente ativo é** adequado para uso terapêutico diário. Estudos laboratoriais demonstraram que o mel ativo é eficaz durante mais de 10 anos contra uma vasta gama de problemas de saúde comuns.
MANUKA ACTIVO MEL 15+	**O mel de Manuka tem um efeito antibacteriano muito elevado e** pode ajudar a tratar úlceras, garganta inflamada, herpes labial, problemas digestivos, queimaduras, infecções cutâneas, cortes e abrasões.
MANUKA ACTIVO MEL 20+	**Excelentes níveis de atividade. Este é** um mel de manuka altamente eficaz com níveis de atividade superiores. Pode ser utilizado diretamente na cicatrização de feridas, por exemplo queimaduras, úlceras, escaras e infecções por estafilococos (comprovadamente eficaz contra MRSA). Perfeito para a saúde digestiva, onde pequenas quantidades de mel podem ser consumidas devido à sua potência.

Quadro 2.1: Mel de Manuka - Quadro de factores de atividade

Ao longo dos anos, o mel foi dividido em diferentes componentes, uma vez que era necessário compreender melhor a sua composição e os seus componentes potencialmente antibacterianos (Weston, 1998 e Suarez-Luque, 2002). Apesar de numerosos estudos sobre as fases orgânicas e inorgânicas e os ingredientes activos do mel, o mel de manuka continua a ser utilizado medicinalmente como mel integral, uma vez que os seus componentes activos são ainda largamente desconhecidos. Recentemente, descobriu-se que uma percentagem da atividade antibacteriana não peroxidativa encontrada no mel de manuka pode ser gerada pelo metilglioxal (Adams *et al.*, 2009 e Mavric *et al.*, 2008). Este é um precursor altamente reativo de produtos finais de glicação avançada. Foi detectado no mel de manuka por HPLC com deteção UV e também por derivatização com o-fenilenodiamina. Ambos os métodos revelaram concentrações de metilglioxal no mel que variam entre 38 e 828 mg/kg, o que está correlacionado com a atividade antibacteriana não peroxidativa do mel (Adams *et al.*, 2008 e Mavric *et al.*, 2008). Embora estes dois estudos tenham demonstrado a atividade desta fração do mel de Manuka, é pouco provável que os produtos atualmente comercializados sejam alterados, a não ser que sejam realizados novos estudos em grande escala que demonstrem que esta substância química é, sem dúvida, o único componente do mel responsável pelos efeitos positivos antibacterianos e cicatrizantes constatados nos estudos anteriores.

2.3.1 Composição química do mel de manuka

A caraterização dos polifenóis revelou-se adequada para distinguir a origem floral dos méis (Anklam, 1998) e, por conseguinte, os flavonóides poderiam constituir um marcador botânico legítimo do mel (Tomas-Barberan *et al.*, 1993), estreitamente ligado à sua capacidade antioxidante.

Ácido fenólico e flavonóides	Outras ligações

Ácido cafeico	Ácido feniláctico
Ácido isoferúlico	Ácido 4-metoxifenoláctico
Ácido p-cumárico	Ácido kójico
Ácido gálico	5-hidroximetilfurfural
ácido 4-hidrobenzóico	Ácido 2-metoxibenzóico
Ácido siríngico	Ácido fenilacético
Quercetina	Seringato de metilo
Luteolina	Dehidrovomifoliol
8-Metoxi-kaempferol	Leptosina
Pinocembrina	Glioxal
Isorhamnetin	Metilglioxal
Kaempferol	3-Deoxiglucosulose
Crisina	
Galanga	
Pinobanksin	

Tabela 2.2: Os compostos mais frequentemente identificados no mel de manuka.

As diferenças qualitativas e quantitativas no teor de flavonóides no mel de Manuka identificadas em muitos estudos podem dever-se aos diferentes métodos de extração e deteção, o que torna difícil avaliar a informação contida na literatura. Os principais compostos identificados são apresentados na Tabela 2.3. Muitos estudos mostraram que os principais flavonóides presentes no mel de manuka são a pinobanksina, a pinocembrina e a crisina, enquanto a luteolina, a quercetina, o 8-metoxi-kaempferol, a isorhamnetina, o kaempferol e a galangina também foram detectados em níveis mais baixos (Yaoa *et al.,* 2005; Chan *et al.,* 2013 e Oelschlaegel *et al.,* 2012).

No que respeita aos ácidos fenólicos e aos norisoprenóides voláteis, Oelschlaegel (Oelschlaegel *et al.,* 2012) encontrou perfis completamente diferentes no mel de manuka, o que foi atribuído a três quimiotipos de *L. scoparium* na Nova Zelândia. O primeiro grupo foi caracterizado por níveis elevados de ácido 4-

hidroxibenzóico, dehidrovomifoliol e ácido benzoico, o segundo por concentrações elevadas de ácido kójico e ácido 2-metoxibenzóico e o terceiro por níveis elevados de ácido siríngico, ácido 4-metoxifeniláctico e metilsiringato. De acordo com as quantidades médias determinadas, os compostos dominantes foram o ácido feniláctico, o ácido fenilacético, o ácido 4-metoxifeniláctico, o metilsiringato e a leptosina (Tuberoso *et al.*, 2009 e Stephens *et al.*, 2010).

A leptosina e o metilsiringato (MSYR) (Figura 2.3) são os componentes activos do mel de manuka conhecidos por inibir a atividade da mieloperoxidase (MPO). Embora as actividades biológicas e a origem/via biossintética deste glicosídeo ainda não tenham sido identificadas, poderia ser um bom marcador de qualidade química para a pureza do mel de manuka (Kato *et al.*, 2012).

Figura 2.2: Estruturas químicas da leptosina e do siringato de metilo no mel de manuka.

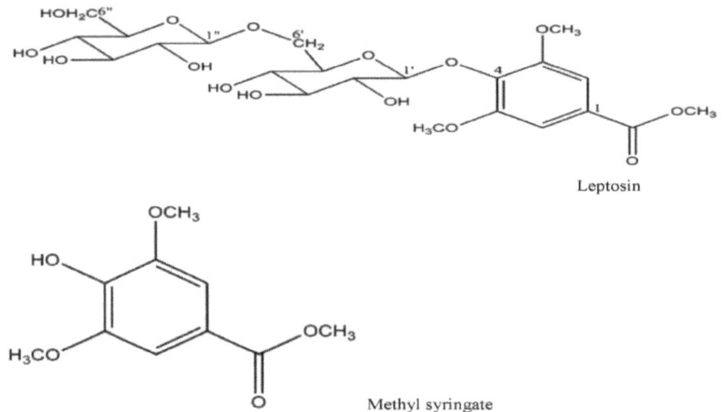

Outros componentes importantes do mel de manuka são vários compostos 1,2-dicarbonílicos, como o glioxal (GO), a 3-deoxiglucosulose (3-DG) e o metilglioxal (MGO). Estes compostos são geralmente formados durante a caramelização ou a reação de Maillard como produtos de degradação de hidratos de carbono redutores e foram reconhecidos como sendo os principais responsáveis pela atividade antibacteriana não peroxidativa (Mavric *et al.*, 2008 e Adams *et al.*, 2009).

Do ponto de vista nutricional, a importância fisiológica resultante da absorção do metilglioxal (MGO) e de outros compostos 1,2-dicarbonílicos deve ser objeto de estudos preliminares. O metilglioxal (MGO) e os compostos de glicação resultantes da reação do metilglioxal com as cadeias laterais de aminoácidos da lisina e da arginina, respetivamente, foram reconhecidos *in vivo* e estão associados a complicações da diabetes e a certas doenças neurodegenerativas, embora a função destes compostos na patogénese de várias doenças não esteja ainda totalmente elucidada (Mavric *et al.*, 2008).

2.3.2 Atividade antibacteriana do mel de manuka

Dois milénios antes da descoberta das bactérias como causa de doenças, os médicos sabiam que certos tipos de mel eram mais adequados para tratar determinadas doenças. Como o mel de manuka é conhecido pelas suas propriedades anti-sépticas na medicina popular da Nova Zelândia, a investigação sobre este mel foi iniciada na Universidade de Waikato. Só esta bioatividade, o efeito antibacteriano invulgar do mel, tornou o mel de manuka famoso em todo o mundo.

Verificou-se que a atividade se devia principalmente ao peróxido de hidrogénio produzido enzimaticamente no mel, mas há alguns relatos de outros componentes antibacterianos menores. Um estudo realizado por Allen *et al* (1991) com 345 amostras de mel neozelandês de 26 origens florais diferentes revelou que, após a adição de catalase para destruir o peróxido de hidrogénio, apenas o mel de uma das origens florais, o manuka (*Leptospermum scoparium),* apresentava uma atividade antibacteriana apreciável. Entre os muitos relatórios sobre outros tipos de mel em todo o mundo, este foi o único em que este componente não peróxido contribuiu significativamente para a atividade antibacteriana. Esta nova atividade antibacteriana foi então estudada para determinar a utilidade potencial do mel de Manuka como agente terapêutico. Neste estudo, foi comparado com o mel com a atividade antibacteriana habitual do peróxido de hidrogénio. No estudo de Allen *et al* (1991), foi constatada uma fraca atividade num grande número de amostras de mel de diferentes origens florais. A atividade não peróxida do mel de Manuka foi considerada como estando distribuída de forma semelhante. Por conseguinte, nos estudos de eficácia da atividade antibacteriana, foram seleccionados um mel de Manuka representativo e um mel com atividade peróxido de hidrogénio, cada um deles próximo do valor médio do respetivo tipo de atividade. O mel de Manuka foi igualmente selecionado para ter uma baixa atividade de peróxido de hidrogénio e, em alguns dos estudos, foi adicionada catalase para decompor o peróxido de hidrogénio eventualmente formado. Os resultados são resumidos da seguinte forma: expressos como a concentração mínima de mel (% v/v) que impede completamente o crescimento de cada tipo de microrganismo, a atividade é suficiente para se esperar um bom efeito antibacteriano terapêutico se o mel de manuka ativo fosse utilizado clinicamente.

Quando a atividade antibacteriana específica do mel de manuka foi descoberta, verificou-se que uma quantidade de mel de manuka contendo quantidades indetectáveis desta atividade antibacteriana tinha sido comprada para fins terapêuticos, sem se saber que nem todo o mel de manuka era ativo.

Foi desenvolvido um sistema de classificação de atividade de fácil compreensão para permitir que os compradores reconheçam a eficácia antibacteriana do mel que compram. O nome "UMFR" foi registado como marca pelos produtores de mel de manuka ativo para evitar a sua utilização indevida, devendo ser cumpridas as normas de ensaio para autorizar a utilização do nome da marca.

2.3.3 Atividade antioxidante do mel de manuka

Para além da sua atividade antibacteriana, o mel é conhecido por ter uma forte capacidade antioxidante que modula a produção de radicais livres e, assim, protege os componentes celulares dos seus efeitos nocivos (Henriques *et al.*, 2006 e Alzahrani *et al.*, 2012).

O mel de Manuka contém uma grande quantidade de compostos fenólicos (Tuberoso *et al.*, 2009 e Stephens *et al.*, 2010), para além de outros compostos fenólicos que se pensa terem uma forte capacidade de reduzir os radicais livres, desde que tenham uma capacidade antioxidante adequada (Moniruzzaman *et al.*, 2013 e Jubri *et al.*, 2013). Devido às suas propriedades bioactivas adequadas, tem sido frequentemente utilizado como um "padrão de ouro" (Patel *et al.*, 2013) em vários estudos para examinar e calcular a capacidade antioxidante de diferentes tipos de mel de diversas origens botânicas e geográficas. O mel de Manuka tem, de facto, o valor mais elevado em termos de teor de fenóis e capacidade antioxidante, por exemplo, em comparação com os méis de acácia, cenoura selvagem e portobello (Alzahrani *et al.*, 2012 e Schneider *et al.*, 2013), que provêm da Alemanha, Argélia, Arábia Saudita e Escócia, respetivamente. Foram obtidos resultados comparáveis com méis monoflorais da Malásia (Moniruzzaman *et al.*, 2013) e com o mel de Tualang, um mel da selva da Malásia com várias flores (Khalil *et al.*, 2011).

O papel do mel de manuka como eliminador de radicais livres contra aniões superóxido foi também investigado utilizando ressonância paramagnética eletrónica (Henriques *et al.*, 2006 e Inoue *et al.*, 2005); os resultados mostraram que as propriedades dissuasoras do mel de manuka se deviam ao siringato de metilo (Fukuda *et al.*, 2011). Por último, num modelo in vivo, o mel de Manuka parece também desempenhar um papel protetor contra os danos oxidativos (Jubri *et al.*, 2013), reduzindo os danos no ADN, os níveis de malondialdeído e a atividade da glutationa peroxidase no fígado, tanto em grupos de ratos jovens como de meia-idade. Estes efeitos poderiam ser mediados pela modulação das actividades das enzimas antioxidantes (como a catalase) e pela elevada capacidade antioxidante do seu teor relevante de fenóis totais. Os resultados obtidos sugerem a possível utilização do mel de Manuka como um suplemento natural alternativo para melhorar o estado oxidativo fisiológico.

2.3.4 Outros efeitos do mel de manuka

Para além dos efeitos antioxidantes e antimicrobianos do mel de Manuka, estudos recentes confirmaram que o mel pode exercer um efeito antiproliferativo nas células cancerígenas (Fukuda *et al.*, 2011; Ghashm *et al.*, 2010 e Swellam *et al.*, 2003). Estas propriedades anticancerígenas podem envolver diferentes processos: em primeiro lugar, a apoptose das células cancerígenas através da despolarização da membrana mitocondrial, em segundo lugar, a inibição da ciclo-oxigenase-2 por diferentes ingredientes (como os flavonóides), em terceiro lugar, a libertação de H_2O_2 citotóxico e, em quarto lugar, a captura de ROS e têm sido associadas a fitoquímicos (Forbes-Hernandez *et al.*, 2014). Foi demonstrado que o mel de Manuka tem uma forte atividade antiproliferativa no carcinoma colorrectal (CT26), no melanoma murino (B16.F1) e nas células do cancro da mama humano (MCF-7) de uma forma dependente do tempo e da dose (Patel *et al.*, 2013).

O principal mecanismo pelo qual exerce esse efeito inibidor da proliferação é através da ativação de vias apoptóticas mitocondriais, que envolvem a estimulação do iniciador caspase-9, que determina a ativação do executor caspase-3 (Forbes-Hernandez *et al.*, 2014). Além disso, induz a apoptose através da ativação da PARP, da indução da fragmentação do ADN e da perda de expressão de Bcl-2. *In vivo*, o mel de manuka também é eficaz: em primeiro lugar, na redução do volume tumoral e no aumento da apoptose das células tumorais num modelo de melanoma em ratos; e, em segundo lugar, na redução da inflamação do cólon na doença inflamatória intestinal em ratos, restaurando a peroxidação lipídica e melhorando os parâmetros antioxidantes (Forbes-Hernandez *et al.,* 2014).

Por fim, a segurança do mel de manuka ativo UMF 20+ foi estudada em indivíduos saudáveis: O consumo de mel de manuka não teve efeitos significativos no estado alérgico dos sujeitos, não teve efeitos nocivos nos produtos finais de glicação avançada associados a muitas doenças graves, como a diabetes, as doenças renais, as doenças neurodegenerativas e as doenças cardíacas, e não modificou a homeostasia do microbiota intestinal, confirmando a sua segurança em sujeitos saudáveis (Wallace *et al.,* 2010).

2.3.5 Propriedades curativas do mel

Há fortes indícios de que o mel estimula a cicatrização rápida e regulada dos tecidos danificados, mas estas propriedades variam consoante as amostras de mel. Verificou-se que o ácido, como componente da cicatrização de feridas, aumenta a taxa de cicatrização de feridas. Pensa-se que isto se deve ao facto de um pH baixo aumentar a quantidade de oxigénio removido da hemoglobina nos capilares e alterar o pH de modo a que não seja o ideal para a atividade das proteases (Rendel *et al.,* 2001; Rushton, 2007).

O mel é muito ácido, com um pH médio de 3,9. Pensava-se que os ácidos fórmico e cítrico eram responsáveis pela acidez do mel, mas sabe-se agora que o ácido glucónico é o principal responsável (Ball, 2007). Um estudo efectuado por Kaufman *et al* (1985) examinou os efeitos de três soluções tampão a pH 3,5, 7,42 e 8,5 na taxa de cicatrização de feridas.

Cada animal de laboratório foi submetido a duas queimaduras no dorso, distribuídas aleatoriamente para tratamento, sem que os investigadores percebessem. A epitelização foi significativamente mais rápida nas queimaduras tratadas com o tampão de pH 3,5 do que nas outras feridas tratadas com as soluções de pH mais elevado. Uma vez que o mel tem um pH nesta gama, poderá contribuir para uma melhor cicatrização das feridas.

A libertação controlada de citocinas é também um passo importante na cicatrização de feridas (Singer e Clark, 1999). Tonks *et al* (2003) estudaram a libertação de citocinas [fator de necrose tumoral alfa (TNF-alfa), interleucina (IL)-1 beta e IL-6] de monócitos expostos a mel de manuka, geleia real e salgueiro, bem como a mel de xarope de açúcar artificial. Verificou-se um aumento significativo da libertação destas três citocinas pelas células expostas ao mel de manuka, de geleia de arbusto e de salgueiro, em comparação com as células não tratadas e as células expostas ao mel artificial. Verificou-se que o mel de geleia de arbusto provocava uma maior libertação de citocinas do que os méis de manuka e de salgueiro. Os autores sugeriram que a libertação de citocinas pró-inflamatórias induzida pelo mel pelos monócitos poderia contribuir para a cicatrização de feridas. Mais tarde, Tonks *et al* (2007) identificaram um componente de 5,8 kDa do mel de manuka que estimulava a produção de TNF-alfa por monócitos humanos e macrófagos da medula óssea do rato. Mais recentemente, Majtan *et al* (2010) demonstraram que os níveis de ARNm de TNF-alfa, IL-1 beta, fator de crescimento transformador beta (TGFbeta) e metaloproteinase 9 da matriz (MMP-9) aumentavam quando os queratinócitos humanos eram incubados com mel.

Também demonstraram que níveis elevados de MMP-9 eram responsáveis pela degradação do colagénio de tipo IV na membrana basal da epiderme incubada com mel. Os autores sugerem que a ativação dos queratinócitos pelo mel poderia contribuir para a cicatrização das feridas. Outros compostos presentes no mel que podem desencadear uma reação inflamatória são o lipopolissacárido e as proteínas arabinogalactanas (Timm *et al.*, 2008; Gannabathula *et al.*, 2012).

Barui *et al* (2011) utilizaram métodos clínicos, histopatológicos e imunohistoquímicos para comparar os bordos das feridas antes e depois da aplicação de pensos oclusivos à base de mel em feridas dos membros inferiores que não tinham respondido ao tratamento com antibióticos convencionais. Observaram desbridamento químico e rápida progressão da cicatrização, crescimento da população de células epiteliais p63+, aumento da expressão da membrana de E-caderina e deposição de colagénio I e III no tecido conjuntivo subepitelial.

Estas alterações surgiram aproximadamente duas semanas após o início do tratamento e todas indicavam uma progressão da cicatrização. Verificou-se também que o p63 é um marcador de células indiferenciadas em proliferação, que a membrana E-caderina é responsável pela adesão célula-célula e pela integridade epitelial e que o colagénio é necessário para o reforço dos tecidos.

Também foi demonstrado que o mel reduz o odor da ferida, promove a formação de tecido de granulação saudável e provoca o desbridamento de feridas abertas (Barui *et al.*, 2011). Em comparação com outras soluções, incluindo a sulfadiazina de prata (SSD), o mel demonstrou reduzir o tempo de cicatrização, estimular a síntese de colagénio e promover a revascularização do tecido em formação (White, 2005; Al-waili *et al.*, 2011). Também foi relatado que o mel estimula a cicatrização regulada de feridas, que envolve actividades pró e anti-inflamatórias ( ) que reduzem a dor do doente e a cicatrização de feridas (White, 2005).

A gestão da dor é um aspeto importante da cicatrização rápida de feridas (Beam, 2007). Dados observacionais indicam que os tratamentos de feridas húmidas, como o mel, podem aumentar a taxa de cicatrização e reduzir a dor associada às feridas, em comparação com as feridas não húmidas (Beam, 2007). Como o mel tem propriedades anti-inflamatórias, também é capaz de reduzir a dor associada ao inchaço (Molan, 2002). A atividade antibacteriana do mel inibe as infecções das feridas, reduzindo a inflamação recorrente associada à infeção. Esta dupla ação é simultaneamente um poderoso analgésico e um acelerador da cicatrização. Mais importante ainda, o mel também cria um ambiente húmido de cicatrização para o tecido da ferida e forma uma barreira física entre os pensos e o tecido. Ao evitar que os pensos adiram ao leito da ferida, as mudanças de pensos resultam em menos dor e danos nos tecidos (Molan, 2002).

2.3.6 Desenvolvimento do mel de manuka como agente terapêutico

O reconhecimento do valor terapêutico do mel de Manuka levou ao desenvolvimento de uma vasta gama de produtos médicos. Inicialmente, o mel de Manuka era produzido para o mercado terapêutico a retalho, mas o seu desenvolvimento subsequente para o tratamento de feridas (Molan, 1999c) fez do mel de Manuka um tratamento tópico reconhecido (Cooper, 2004). Os pensos impregnados com mel de manuka são particularmente eficazes no tratamento de queimaduras, úlceras, enxertos de pele e infecções cutâneas ou musculares que contenham estirpes bacterianas resistentes a antibióticos, e vários produtos à base de mel fabricados para o tratamento de feridas foram aprovados pelas autoridades sanitárias da Austrália, do Canadá e dos Estados-Membros da União Europeia (Molan e Betts, 2004).

2.3.7 Mecanismos de ação do mel de manuka

Os mecanismos que estão na origem do efeito terapêutico do mel de manuka ativo foram objeto de numerosas investigações. Vários factores são considerados responsáveis pelos seus efeitos clínicos, uma vez que o mel contém um grande número de substâncias vegetais secundárias. As feridas recalcitrantes têm geralmente um ambiente alcalino. As proteases bacterianas são activas num meio alcalino e aumentam o risco de infeção. O pH ácido do mel de Manuka reduz a alcalinidade, inactivando as proteases e promovendo a cicatrização. O mel também aumenta a atividade dos fibroblastos, a libertação de oxigénio e promove o processo de cicatrização (Gethin *et al.*, 2008).

A acidez do mel de Manuka é também atribuída à presença de *D-glucono-d-lactona*, ácidos fenólicos e ácidos orgânicos. *A D-glucono-d-lactona é* utilizada na tecnologia alimentar como acidificante com o número E575 e é parcialmente hidrolisada em água na sua forma ácida, o ácido glucónico. Pensa-se que o "efeito de pH baixo" do mel de manuka se deve ao ácido glucónico libertado pela D-glucono-d-lactona quando esta é metabolizada pelas secreções aquosas das feridas. Quando aplicado topicamente, o mel seca o muco da ferida cutânea, tornando-a imune à proliferação de bactérias.

Quando aplicado no penso, o mel viscoso cria uma atração osmótica que incentiva a absorção do excesso de exsudado da ferida, enquanto o peróxido de hidrogénio e o metilglioxal têm efeitos antibacterianos e inibem o crescimento de bactérias patogénicas. O metilglioxal é tóxico para os agentes patogénicos, mesmo em concentrações muito baixas, ao interromper o crescimento e a divisão celular e, em particular, ao provocar a degradação do ADN bacteriano (Bhandary *et al.*, 2012).

2.4 Nanopartículas

A nanotecnologia, abreviadamente designada por "nanotech", é o estudo do domínio da matéria a nível atómico e molecular. Nos últimos anos, a nanotecnologia desenvolveu-se de forma dinâmica, tornando-se um importante campo de análise, com potenciais implicações para a eletrónica e os medicamentos (Glomm, 2005). A nanotecnologia pode ser descrita como a investigação, a síntese e a manipulação da estrutura de partículas mais pequenas do que 100 nm. Um ramo mais recente da ciência aplicada (nanotecnologia) é a "nanobiotecnologia".

A nanobiotecnologia combina princípios biológicos com processos físicos e químicos para produzir partículas de dimensão nanométrica. A nanobiotecnologia, que atraiu um grande interesse nas ciências biomédicas avançadas durante a última década, tem as mesmas dimensões que as biomacromoléculas. As nanopartículas podem ser concebidas para terem funções específicas ou múltiplas e podem ser utilizadas para estudar e compreender os mecanismos dos processos bioquímicos.

A nanobiotecnologia representa um substituto económico para os processos químicos e físicos utilizados para produzir nanopartículas. Estas vias de síntese dividem-se em intracelulares e extracelulares (Ahmad *et al.*, 2003). Devido ao aparecimento de doenças infecciosas causadas por várias bactérias infecciosas e ao consequente desenvolvimento de resistência aos antibióticos, a

Os grupos farmacêuticos e os investigadores estão à procura de novos agentes antibacterianos (Rai *et al.*, 2009). Por definição, uma nanopartícula é uma partícula com três dimensões na gama dos nanómetros. Sabe-se que as nanopartículas têm uma variedade de formas: triangular, esférica, pentagonal, paralelepipedal, elipsoidal, em forma de bastão, em forma de concha, etc.

Figura 2.3: Diferentes características que contribuem para a diversidade das nanopartículas produzidas pela indústria.

Na análise clínica, o medicamento é encerrado, encapsulado, dissolvido ou ligado a uma matriz de nanopartículas. Dependendo do método de preparação, obtêm-se frequentemente nanopartículas, nanocápsulas ou nanoesferas. As nanocápsulas são sistemas em que o fármaco está encerrado numa cavidade rodeada por uma membrana polimérica especial, enquanto as nanoesferas são sistemas matriciais em que o fármaco está física e uniformemente distribuído. Nos últimos anos, as nanopartículas poliméricas respeitadoras do ambiente, em especial as revestidas com um polímero hidrofílico como o polietilenoglicol (PEG), conhecidas como partículas de longa circulação, têm sido utilizadas como potenciais transportadores de fármacos, uma vez que podem fluir para um órgão selecionado durante um período prolongado, atuar como transportador de ADN na terapia genética e fornecer proteínas, péptidos e genes (Langer, 2000; Bhadra *et al*, 2002; Kommareddy *et al.*, 2005 e Lee *et al.*, 2005). As características específicas das partículas à escala nanométrica, tais como uma elevada relação superfície/volume ou propriedades ópticas e magnéticas dependentes do tamanho, diferem consideravelmente das dos seus materiais de base e são de grande interesse no domínio clínico para o diagnóstico e tratamento de doenças (Kim, 2007; Huang *et al.*, 2007; Goya *et al.*, 2008 e Heath *et al.*, 2008).

2.4.1 Tipos de nanopartículas

As nanopartículas podem geralmente ser divididas em nanopartículas orgânicas e inorgânicas. As nanopartículas orgânicas incluem as nanopartículas de carbono (fulerenos), enquanto as nanopartículas inorgânicas incluem as nanopartículas de metais preciosos (como o ouro e a prata), as nanopartículas magnéticas e as nanopartículas semicondutoras (como o óxido de titânio e o óxido de zinco). As nanopartículas inorgânicas, ou seja, as nanopartículas de metais preciosos (prata e ouro), estão a suscitar um interesse crescente porque oferecem melhores propriedades materiais e adaptabilidade funcional. Devido às suas características de tamanho e às suas vantagens em relação aos fármacos de imagiologia química e às substâncias activas disponíveis, as nanopartículas inorgânicas têm sido investigadas como potenciais ferramentas para a imagiologia médica e o tratamento de doenças. Os não-materiais inorgânicos têm sido amplamente utilizados para a administração de células devido às suas propriedades versáteis, tais como a elevada funcionalidade, a boa compatibilidade, a ampla disponibilidade e a libertação controlada de fármacos, bem como a sua capacidade de orientação da administração de fármacos (Xu *et al.*, 2006).

2.4.2 Nanopartículas de prata

As nanopartículas de prata (AgNPs) estabeleceram-se como um produto da nanotecnologia. Nos últimos anos, a prata tem atraído um grande interesse devido à sua boa condutividade, estabilidade química e atividade catalítica e antibacteriana. A amplitude e a importância das suas aplicações suscitaram grande interesse no desenvolvimento de métodos versáteis de síntese de nanopartículas de prata com propriedades bem definidas e controladas. Estão a ser estudados vários processos químicos e bioquímicos para a produção de AgNPs. Os micróbios são extremamente eficazes neste processo, e a biossíntese de nanopartículas de prata a partir de fungos, bactérias, leveduras, frutos, plantas, etc. é bem conhecida.

Aplicações das nanopartículas de prata em farmácia, medicina e odontologia

Tratamento da dermatite; inibição da replicação do VIH-1

Tratamento de doenças inflamatórias intestinais e problemas de pele

> Propriedades antimicrobianas contra agentes infecciosos

> Abertura remota de microcápsulas induzida por luz laser

^ Nanocompósito de dendrímero/prata para marcação de células

Imagiologia molecular das células cancerígenas

> Espectroscopia de dispersão Raman melhorada (SERS)

> Exposição de estruturas virais (SERS e nanobastões de prata)

> Revestimento de têxteis hospitalares (batas cirúrgicas, máscaras faciais)

> Aditivo em materiais dentários polimerizáveis Patente

Conservante do cimento ósseo
> Tecidos implantáveis utilizando camadas de argila com Ag-NPs mais fortemente estabilizadas

> Meias ortopédicas

> Hidrogel para pensos

> Resina nanocompósita SiO2 com enchimento de prata (compósito de resina dentária)

> Tubos de polietileno preenchidos com uma esponja de fibrina e imersos numa dispersão de Ag-NPs

2.4.3 Nanopartículas de ouro

As nanopartículas de ouro (AuNPs) têm vantagens sobre outras nanopartículas metálicas devido à sua biocompatibilidade e não citotoxicidade. Devido à sua inércia química, o ouro tem sido utilizado para aplicações internas em seres humanos desde há 50 anos. O tamanho das nanopartículas de ouro pode ser controlado durante a sua síntese e funcionalização com diferentes grupos. As nanopartículas de ouro acumulam-se nas células tumorais e dispersam-se opticamente. Por conseguinte, podem ser utilizadas como sondas para o exame microscópico das células cancerosas. São também utilizadas na quimioterapia e no diagnóstico de células cancerosas (Cai e Chen, 2007). As nanopartículas de ouro não são apenas úteis para biossensores, mas também para a administração de medicamentos, proteínas e genes (Li *et al.*, 2006).

As nanopartículas de ouro existem numa gama de tamanhos, de 2 a 100 nm. No entanto, as partículas entre 20 e 50 nm têm a absorção celular mais eficaz. As partículas entre 40 e 50 nm são particularmente tóxicas para as células. Estas partículas de 40-50 nm difundem-se no tumor e degradam-no simplesmente. No entanto, as partículas maiores, ou seja, de 80 a 100 nm, não se difundem no tumor e permanecem perto dos vasos sanguíneos (El-Sayed *et al.*, 2006). Têm um coeficiente de extinção elevado (Alvarez *et al.*, 1997).

A banda de plasmon de superfície depende do seu tamanho. A ressonância plasmónica de superfície ocorre a 520 nm. Graças à funcionalização, as nanopartículas de ouro transformam fármacos pouco activos em fármacos altamente activos. É por isso que as nanopartículas de ouro dão um contributo valioso para o tratamento do cancro, o diagnóstico de células cancerosas e o tratamento do VIH (Bowman *et al.*, 2008).

Características das nanopartículas de ouro (AuNPs) (El-Sayed *et al.*, 2006; Bhattacharya *et al.*, 2003; Connor *et al.*, 2005; Mfhlen *et al.*, 1979 e Chah *et al.*, 2005)

> As nanopartículas de ouro (AuNPs) são quimicamente inertes.

> As nanopartículas de ouro (AuNPs) têm uma melhor compatibilidade biológica.

> As nanopartículas de ouro têm propriedades ópticas como a ressonância plasmónica.

> Estes são altamente adaptáveis devido à sua funcionalização prévia por ligações tiol.

> As nanopartículas de ouro (AuNPs) são sondas microscópicas para examinar as células cancerígenas.

> As nanopartículas de ouro (AuNPs) acumulam-se nas células cancerígenas e têm um efeito citotóxico.

> Estes são altamente estáveis devido às ligações ouro-enxofre.

> As suas propriedades fotofísicas podem ser utilizadas para libertar medicamentos em locais remotos.

Aplicações de nanopartículas de ouro

> As nanopartículas de ouro são utilizadas para detetar interacções entre proteínas em análises imunohistoquímicas.

> São utilizados em laboratório como marcadores para detetar a presença de ADN numa amostra. Por conseguinte, são utilizados para criar impressões digitais.

> São utilizados para detetar antibióticos aminoglicosídeos, como a estreptomicina, a neomicina e a genetamicina.

> Os nanobastões de ouro podem ser utilizados para identificar células estaminais cancerígenas.

> As nanopartículas de ouro são utilizadas para identificar diferentes categorias de bactérias. Atualmente, a identificação de bactérias é efectuada por máquinas dispendiosas. Por conseguinte, as AuNPs são utilizadas para identificar diferentes categorias de bactérias, o que será útil para o diagnóstico do cancro (Baban *et al.*, 1998).

2.5 Microbiologia das feridas cutâneas

A pele é uma estrutura de defesa primária constituída por tecidos epidérmicos, dérmicos e subcutâneos; retarda os efeitos dos agentes patogénicos microbianos e protege o tecido muscular subjacente da colonização (Bowler *et al.*, 2001). A perda de integridade estrutural (devido a um corte, punção ou queimadura) reduz a capacidade de defesa da pele e é geralmente referida como uma ferida cutânea. Estas feridas proporcionam geralmente um ambiente quente, húmido e nutritivo que favorece o crescimento bacteriano devido à exposição do tecido subjacente e ao aumento do fluxo sanguíneo. No entanto, a presença de bactérias no leito da ferida não tem necessariamente efeitos negativos na cicatrização da ferida (Krizek e Robson, 1975).

As feridas cirúrgicas apresentam um risco relativamente baixo de contaminação bacteriana devido às condições assépticas em que as operações são efectuadas. O risco de infeção bacteriana varia de 1 a 5% e pode atingir 27% no caso de operações limpas ou sujas (Nichols, 1998). Os estafilococos, a Escherichia coli e a P. aeruginosa estão entre os agentes patogénicos mais frequentemente isolados das feridas cirúrgicas (Mangram *et al.*, 1999). O espetro das queimaduras varia desde as queimaduras de primeiro grau (em que apenas a camada superior da pele é afetada) até às queimaduras de quarto grau (em que a pele é completamente destruída e os tecidos subjacentes são afectados).

Como as queimaduras são muitas vezes extensas, é frequente a contaminação por células bacterianas. 75% das mortes após queimaduras são atribuídas a infecções (Vindenes e Bjerknes, 1995). Staphylococcus aureus, E. coli e P. aeruginosa são agentes patogénicos comuns em queimaduras (Frank *et al.*, 2009).

A colonização, a multiplicação e a persistência dos agentes microbianos dependem, portanto, de inúmeros factores interdependentes específicos do agente patogénico (espécie, diversidade e sinergia das espécies colonizadoras), da ferida (tipo, localização, profundidade e qualidade), do hospedeiro (sistema imunitário) e do tratamento (agentes antimicrobianos). Com base nestes factores, é possível distinguir duas etiologias diferentes de feridas superficiais: feridas agudas e feridas crónicas, cada uma com fisiopatologias diferentes.

2.5.1 Uma comparação entre feridas agudas e crónicas

As feridas superficiais agudas são aquelas que surgem subitamente após uma lesão involuntária (ferida superficial traumática) ou intencional (ferida cirúrgica) dos tecidos superficiais. As feridas superficiais traumáticas resultam de queimaduras (secas/ húmidas), incisões, lacerações e abrasões e são geralmente classificadas como feridas "sujas". As feridas cirúrgicas, por outro lado, são o resultado de um procedimento estéril em que o tecido da pele é cortado para aceder aos tecidos e órgãos subjacentes, e essas feridas não devem ser contaminadas. Ambos os tipos de feridas superficiais agudas devem cicatrizar num período de tempo previsível através do processo natural de cicatrização do hospedeiro; no entanto, em hospedeiros imunocomprometidos ou em casos de contaminação grosseira da ferida, pode ocorrer infeção.

As feridas crónicas ocorrem quando as feridas agudas não cicatrizam dentro do período de tempo esperado (normalmente 4 semanas) (Singer e Clark, 1999). As feridas que não cicatrizam são clinicamente significativas e exercem pressão sobre os serviços de saúde, conduzindo a um aumento dos custos e das taxas de morbilidade e mortalidade dos doentes.

2.5.2 Factores que influenciam a cicatrização de feridas

Existem muitas razões pelas quais uma ferida pode não cicatrizar completamente dentro do tempo esperado. As condições que afectam os tempos de cicatrização incluem o estado nutricional, a diabetes, a insuficiência cardíaca ou respiratória, a isquémia, as infecções, o tratamento antimicrobiano, a mobilidade, a hidratação, a idade, as doenças subjacentes e os tratamentos imunossupressores anteriores, como a quimioterapia e a radioterapia. Todos estes factores contribuem para a forma como o corpo do doente reage a uma ferida e influenciam a sua capacidade de cicatrização (Collier, 2004). Embora algumas pessoas acreditem que uma ferida não pode sarar se contiver bactérias, a maioria das feridas forma comunidades polimicrobianas. A presença real de bactérias pode ajudar a estimular a resposta imunitária para uma cicatrização rápida.

Além disso, a diferença entre colonização e infeção é cada vez mais bem compreendida. Uma ferida pode estar colonizada, mas não infetada. O estado de infeção depende de muitos factores, não apenas dos resultados microbiológicos, mas também dos sintomas reais, uma vez que determinados tipos de bactérias podem estar presentes nas feridas e ainda assim permitir a cicatrização (Cooper, 2005). Cutting e White (2005) descreveram os sintomas necessários para diagnosticar uma infeção como: eritema localizado, dor localizada, calor localizado, celulite, edema, abcesso, descarga, cicatrização retardada, descoloração, tecido frágil e hemorrágico e mau cheiro. Para avaliar se uma ferida está ou não infetada, para além da análise visual, são colhidas amostras por esfregaço ou por biopsia da ferida, sendo as bactérias presentes identificadas e quantificadas.

É necessário ter cuidado ao interpretar os resultados microbiológicos, uma vez que as espécies/estirpes de bactérias devem ser identificadas, o seu número, virulência e possíveis interacções entre elas devem ser determinadas de modo a avaliar a necessidade de tratamento antimicrobiano e a fornecer o tipo de tratamento adequado à situação (Howell-Jones *et al.*, 2005; O'Meara *et al.*, 2000). A gama de organismos que podem ser extraídos de uma ferida infetada é vasta e pode incluir qualquer um dos seguintes estreptococos beta-haernolíticos (como Streptococcus pyogenes), *enterococos* (como *Enterococcus faecium* ou *Enterococcus faecalis*), *estafilococos* (como Staphylococcus aureus, MRSA ou *Staphylococcus epidermidis*), bastonetes aeróbios Gram-negativos (como Pseudomonas aeruginosa) e bastonetes facultativos (como Acinetobacter, Enterobacter, Escherichia coli, Klebsiella, Proteus e espécies de Serratia). Os anaeróbios também estão presentes (geralmente em feridas mais profundas), tal como as leveduras e os fungos (Cooper *et al.*, 2005).

Isto significa que, na maioria dos casos, são necessários antimicrobianos de largo espetro para eliminar a infeção. As feridas infectadas têm geralmente uma população mista complexa de microrganismos. Esta população é capaz de formar comunidades, também conhecidas como biofilmes, que lhes permitem prosperar no ambiente da ferida. Os biofilmes são estruturas tridimensionais de bactérias que aderem a uma superfície (neste caso, um leito de ferida), encapsuladas em muco e que comunicam entre si através de sinais químicos (quorum sensing). Esta disposição protege-as da fagocitose e da ação antimicrobiana, tornando-as mais difíceis de erradicar (Cooper, 2005). Tradicionalmente, o mel medicinal era de origem local, mas fabricado a partir de flores cuidadosamente seleccionadas (Molan, 1999).

Os produtos de mel disponíveis para o tratamento de feridas são geralmente fabricados a partir de mel que foi irradiado com raios gama após a produção e antes da utilização, para que possa ser utilizado com segurança em todos os doentes, incluindo doentes imunocomprometidos; no entanto, existem relatos da utilização de mel não esterilizado, que é igualmente eficaz. É possível que as bactérias presentes no mel cru (não esterilizado) possam segregar alguns dos compostos antimicrobianos que produzem para provocar a inibição do crescimento dos agentes patogénicos das feridas testados neste trabalho, contribuindo assim para a atividade antimicrobiana global do mel. A utilidade do mel no tratamento de feridas não parece estar limitada às suas propriedades antimicrobianas, uma vez que tem sido descrito como um estimulador da resposta imunitária nas feridas, conduzindo a uma melhor cicatrização das mesmas. Esta atividade parece ser diferente da atividade antimicrobiana do mel, uma vez que se demonstrou que o mel com baixa atividade antibacteriana estimula a libertação de citocinas que são importantes para o processo de cicatrização de feridas in vitro (Trigo, 2004).

2.5.3 Infeção

A colonização de feridas superficiais pelo microbiota do hospedeiro (a partir de tecidos superficiais adjacentes) não constitui uma infeção e não está associada a efeitos negativos na cicatrização de feridas (Bowler e Davies, 1999). Embora pouco se saiba, as bactérias comensais do microbiota do hospedeiro podem promover a cicatrização de feridas (Hansson *et al.*, 1995), possivelmente através da inibição competitiva do agente patogénico primário. Numerosos estudos indicam que uma carga bacteriana superior a 105 células (entre 104 e 106 células, dependendo do estudo - conhecida como colonização crítica) (Breidenbach e Trager, 1995; Levine *et al.*, 1976) por mililitro, grama ou centímetro quadrado de fluido, tecido e/ou superfície da ferida é o principal fator que inicia a transição da colonização para a infeção (Barret e Herndon, 2003; Lookingbill *et al.*, 1978; Robson e Heggers, 1968; Robson *et al.*, 1999).

As variações na carga bacteriana devem-se à utilização de diferentes materiais e métodos de amostragem. Bornside e Bornside (1979) correlacionaram a carga bacteriana de amostras de tecido profundo (105 UFC/g de tecido de biopsia) com a de amostras de tecido superficial (103 UFC/ml de esfregaço húmido), fornecendo um método simples para determinar a carga bacteriana em feridas cutâneas sem manipulação cirúrgica. Schneider e colegas (1983) salientaram, no entanto, que a amostragem de um único local de feridas crónicas era totalmente insuficiente para obter uma concentração exacta da colonização e concluíram que tinham de ser recolhidas várias amostras para determinar a carga bacteriana correcta de uma ferida cutânea.

Gardner e colegas (2001) indicam que a transição da colonização para a infeção é caracterizada por vários sintomas clínicos, como o aumento da inflamação, secreções purulentas, atraso na cicatrização, fragilidade da granulação, formação de tecido necrótico e produção de material putrefacto (Frank *et al.*, 2009). No entanto, Hansson e colegas (1995) encontraram infecções assintomáticas em feridas superficiais, pelo que outros factores para além da concentração bacteriana podem influenciar a cicatrização de feridas superficiais e a saúde do doente (Madsen *et al.*, 1996).

Numerosos estudos tentaram identificar a microbiota das feridas cutâneas utilizando amostras de esfregaços, tecidos de biópsia e/ou amostras de fluido da ferida, sendo os dois últimos métodos preferidos pelo Centro de Controlo de Doenças (Frank *et al*, 2009). Historicamente
Os estudos de identificação utilizaram métodos dependentes de culturas com base em condições de crescimento, reacções bioquímicas e perfis de suscetibilidade antimicrobiana. Devido aos avanços nas técnicas moleculares, estudos recentes utilizam métodos de identificação independentes da cultura que detectam a presença de diferentes macromoléculas sem a necessidade de as cultivar (Hugenholtz *et al.*, 1998).

Existem frequentemente discrepâncias no número e na diversidade de filotipos em feridas superficiais quando são utilizados métodos dependentes e independentes da cultura numa única amostra (Davies *et al.*, 2004), e outras discrepâncias devem-se a diferentes métodos de colheita de células (Frank *et al.*, 2009). Os métodos independentes da cultura reconhecem macromoléculas intactas, independentemente de a célula ser viável ou não. Este facto pode dar origem a falsos negativos relativamente a organismos efetivamente feridos na superfície (Rantakokko-Jalava *et al.*, 2000). No entanto, as células não viáveis não devem ser ignoradas devido ao seu potencial efeito imunogénico. Um estudo realizado por Frank e colegas (2009) destacou a natureza polimicrobiana das feridas superficiais e identificou até 22 filotipos numa única ferida, com até três espécies dominantes (*Staphylococcus, Corynebacterium, Clostridiales* e/ou

Pseudomonas). "Os agentes patogénicos primários e as estirpes virulentas de determinados agentes patogénicos oportunistas (Bowler, 2003) são capazes de desencadear a infeção em concentrações inferiores aos limiares acima mencionados (Howell-Jones *et al.*, 2005; Robson e Heggers, 1970), o que atrasa consideravelmente o processo de cicatrização através da implementação de vários mecanismos de virulência. A presença de tais agentes, para além dos comensais, não os torna automaticamente agentes etiológicos (Smith e Reed, 2002). A natureza polimicrobiana de certas feridas pode levar a efeitos sinérgicos (Trengove *et al.*, 1996) e a uma redução da cicatrização através da troca mútua de produtos úteis, da redução das defesas do hospedeiro e da utilização de oxigénio (que permite o crescimento de organismos anaeróbios) (Frank *et al.*, 2009).

2.5.4 Bactérias nas feridas

As feridas abertas infectadas podem albergar uma vasta gama de bactérias, incluindo *Enterococcus* spp, *Escherichia coli, Staphylococcus aureus* resistente à meticilina (MRSA), *Staphylococcus pseudintermedius* resistente à meticilina (MRSP), *Pseudomonas aeruginosa, Staphylococcus aureus* e *Staphylococcus pseudintermedius* (Weese, 2008). As evidências clínicas e os resultados laboratoriais apoiam a utilização do mel na eliminação de muitas destas bactérias frequentemente encontradas nas feridas. No entanto, é necessária mais investigação para apoiar e melhorar as provas existentes (Henriques *et al.*, 2011). A eliminação das bactérias das feridas promove a cicatrização, reduz a probabilidade de bacteriémia e reduz a propagação destas bactérias no ambiente e para outros doentes (Simon *et al.*, 2009).

Ao escolher uma estratégia de tratamento tópico de feridas, deve ser considerado o seu efeito nas principais fases da cicatrização de feridas. Idealmente, as feridas limpas cicatrizam através de quatro fases sobrepostas de reparação dos tecidos que começam imediatamente após a lesão dos tecidos (Grice e Segre, 2012). A primeira fase envolve a coagulação, durante a qual se forma um tampão de fibrina e são libertados factores de crescimento e citocinas. A fase inflamatória da ferida ocorre imediatamente após a coagulação e é estimulada pela presença de citocinas pró-inflamatórias, que levam à formação de tecido de granulação precoce. A terceira fase é marcada pela migração e proliferação de queratinócitos e da matriz extracelular, enquanto a ferida se contrai em preparação para o encerramento. Finalmente, o novo tecido continua a contrair-se à medida que o colagénio é remodelado e a resistência à tração do novo tecido aumenta (Singer e Clark, 1999; Grice e Segre, 2012). A infeção pode comprometer todas as fases deste processo de cicatrização. A escolha do método de tratamento deve também ter em conta os riscos de citotoxicidade, reacções adversas, resistência antimicrobiana e atraso na cicatrização. Alguns biocidas e antibióticos têm o potencial de danificar os tecidos e impedir a cicatrização de feridas quando utilizados em concentrações elevadas (McDonnell e Russell, 1999; Fleck, 2006). Os termos resistência antimicrobiana, resistência à meticilina e multirresistência referem-se a bactérias que desenvolveram resistência a determinados biocidas e antibióticos devido a uma alteração no seu genoma (Mazel e Davies, 1999; Knudsen, 2001).

Nos últimos 60 anos, avanços notáveis na medicina facilitaram o controlo de muitas doenças humanas e animais em todo o mundo industrializado. Os antibióticos, em particular, reduziram a ameaça que muitos agentes patogénicos representam para os seres humanos e os animais. Após a sua descoberta no início do século XX, os antibióticos foram introduzidos na prática médica, mas em poucos anos estavam a ser produzidos e fornecidos em grandes quantidades pelas empresas farmacêuticas (Khan *et al.,* 2007). Os antimicrobianos recém-introduzidos foram muito bem sucedidos na prática clínica porque as bactérias-alvo eram geralmente susceptíveis. No entanto, a utilização de antimicrobianos levou à seleção de bactérias que adquiriram diferentes mecanismos de defesa, e a resistência bacteriana a muitos dos antimicrobianos habitualmente utilizados está agora generalizada; as estirpes de muitos agentes patogénicos tornaram-se resistentes a uma vasta gama de antimicrobianos (Weese e van Duijkeren, 2010). A utilização de antimicrobianos conduziu a uma pressão selectiva sob a qual as bactérias susceptíveis desaparecem ou se adaptam ao longo do tempo, adquirindo mecanismos de resistência (Toprak *et al.*, 2012). A resistência antimicrobiana pode manifestar-se de várias formas e em todas as estirpes bacterianas. *A Mycobacterium tuberculosis*, por exemplo, desenvolve resistência à estreptomicina através da mutação do ADN bacteriano (Mazel e Davies, 1999).

O Enterococcus é uma bactéria Gram-positiva que se encontra habitualmente no trato digestivo dos animais. Duas espécies estão geralmente presentes em casos de doença: *Enterococcus faecium* e *Enterococcus faecalis* (Weese, 2008). As infecções enterocócicas podem ser muito difíceis de tratar, uma vez que o organismo é naturalmente resistente a muitos antimicrobianos e pode persistir durante longos períodos no trato digestivo do hospedeiro e em ambientes hospitalares. Algumas estirpes *de E.* faecium e *E.* faecalis são capazes de ser resistentes à vancomicina e à gentamicina (McDonnell e Russell, 1999). Os enterococos resistentes à vancomicina (VRE) são particularmente difíceis de gerir em situações clínicas, uma vez que existem poucas opções de tratamento (Weese, 2008).

A Escherichia coli é uma bactéria gram-negativa anaeróbia facultativa presente na maioria dos tractos digestivos dos animais. A maioria das estirpes *de E.* coli são consideradas comensais e não prejudiciais; no entanto, existem muitas espécies patogénicas e *a E. coli* é frequentemente um agente patogénico oportunista. *A E. coli* patogénica tem sido implicada em diarreia, septicemia, infecções do trato urinário, infecções genitais e mastite (Gyles e Fairbrother, 2010). *A Escherichia coli* pode também colonizar feridas abertas (Weese 2008; Gyles e Fairbrother, 2010). A suscetibilidade in vitro dos isolados de *E.* coli aos antimicrobianos varia consideravelmente e alguns isolados são resistentes a todas as classes de antimicrobianos habitualmente utilizados na prática clínica (Schultsz e Geerlings, 2012). Os genes plasmídicos que codificam as ESBLs (Extended-Spectrum-B-Lactamases) e as carbapenemases, bem como os mecanismos de resistência aos aminoglicosídeos e às fluoroquinolonas, combinados com os genes de resistência codificados nos cromossomas, conduziram a uma resistência antimicrobiana generalizada em *E. coli.*

A resistência à meticilina é de particular importância clínica nos *estafilococos*, uma vez que é um marcador de resistência a todos os antibióticos B-lactâmicos, todos eles actuando através da ligação a proteínas de ligação à penicilina (PBPs), envolvidas na síntese da parede celular bacteriana. As espécies de Staphylococcus tornam-se resistentes à meticilina ao adquirirem o gene de resistência mecA, que codifica a PBP2a, uma proteína de ligação à penicilina com afinidade reduzida para a maioria dos fármacos B-lactâmicos. O gene mecA encontra-se em elementos genéticos móveis denominados elementos SCCmec. Nos seres humanos, a vancomicina é frequentemente utilizada para tratar infecções por *S. aureus* resistente à meticilina (MRSA). No entanto, alguns isolados de MRSA tornaram-se resistentes à vancomicina devido à expressão de *vanA*, que altera os locais de ligação do fármaco na parede celular (Tenover, 2006).

A Pseudomonas aeruginosa é um agente patogénico oportunista gram-negativo de interesse tanto na medicina humana como na veterinária. Nos seres humanos, *a P. aeruginosa* infecta frequentemente doentes imunocomprometidos e doentes com feridas traumáticas e queimaduras, feridas cirúrgicas ou dispositivos de demora, como cateteres urinários (Westman *et al.,* 2010). Quase todos os mecanismos conhecidos de resistência antimicrobiana são encontrados neste organismo

(Strateva e Yordanov, 2009). A resistência intrínseca do organismo a uma vasta gama de antimicrobianos e biocidas, juntamente com a capacidade de adquirir genes de resistência antimicrobiana e de crescer em substratos mínimos numa vasta gama de temperaturas, permite-lhe sobreviver em ambientes hospitalares. A elevada resistência intrínseca da *P. aeruginosa* aos agentes antimicrobianos é atribuída à sua membrana celular externa, às bombas de efluxo e às enzimas que desintoxicam os agentes antimicrobianos, bem como a vários factores mal definidos (Alvarez-Ortega *et al.*, 2011). A aquisição de plasmídeos e as mutações nos plasmídeos são parcialmente responsáveis pelo aumento da resistência da *P. aeruginosa* às cefalosporinas e carbapenemes de 3ª e 4ª geração (Pfeifer *et al.*, 2010).

Além disso, o organismo é capaz de formar um biofilme durante a infeção crónica, o que o torna mais resistente aos antimicrobianos.

2.6 Tratamento de feridas

O fecho eficaz da ferida cutânea requer a coordenação de vários tipos de células que aumentam a taxa de inflamação, proliferação e remodelação do ambiente da ferida (Stadelmann *et al.*, 1998). Para garantir que este processo ocorre em tempo útil, a carga biológica de uma ferida deve ser minimizada (White, 2011). O tratamento das feridas cutâneas segue directrizes rigorosas e baseia-se principalmente em observações clínicas, entrevistas aos doentes e exames físicos (Eron, 2003). Os antibióticos de largo espetro (como a amoxicilina, a estreptomicina, o cloranfenicol, a tetraciclina e a levofloxacina) são geralmente utilizados para travar a propagação da infeção, reduzindo a carga bacteriana. Se a infeção persistir, são necessários testes de suscetibilidade antimicrobiana e monitorização da dosagem para uma abordagem mais específica.

Os anti-sépticos e os antibióticos são ambos essenciais no controlo das infecções de feridas cutâneas, mas o aparecimento de estirpes resistentes levou a uma redução do número de antimicrobianos utilizáveis (Freire-Moran *et al.*, 2011). A emergência de resistência antimicrobiana está a ultrapassar a velocidade a que são identificados novos antimicrobianos (Nelson, 2003). O fracasso dos antimicrobianos (como a meticilina e a vancomicina) devido à emergência de mecanismos de resistência antimicrobiana em muitos agentes patogénicos bacterianos importantes (como *S. aureus* e espécies de Enterococcus, respetivamente) levou a um ressurgimento de terapias alternativas, como a utilização de prata, alho, larvas e mel.

No Reino Unido, são comercializados e utilizados cerca de 48 produtos para cicatrização de feridas que contêm prata como ingrediente ativo para o tratamento de feridas cutâneas (Cowan, 2013). No seu estado elementar, a prata (Ag) é inerte, mas quando solubilizada pela ferida

Nas secreções líquidas (por exemplo, como Ag0 ou Ag+) ou na forma molecular (*por exemplo,* como nitrato de prata ou sulfadiazina de prata), observa-se uma atividade antimicrobiana clinicamente importante (Wright *et al.*, 1998). A prata na sua forma ativa é um agente antimicrobiano de largo espetro eficaz contra muitos organismos MDR (como *Staphylococcus* aureus resistente à meticilina [MRSA] e enterococos resistentes à vancomicina [VRE]) (Atiyeh *et al.*, 2007).
O efeito bactericida resulta da ligação irreversível dos catiões de prata a produtos aniónicos (como o ADN, o ARN, as proteínas e a membrana celular), o que perturba a respiração celular, o transporte de electrões e as funções regulares do ADN (Modak e Fox, 1973; Wright *et al.*, 1998).

A não especificidade da ligação catiónica é um potencial problema toxicológico em células de mamíferos e tem alguns efeitos negativos na cicatrização de feridas

(Stensberg *et al.*, 2011). Além disso, as secreções das feridas são altamente proteicas, o que, combinado com a ligação não específica, resulta em concentrações reduzidas de prata livre (responsável pela atividade antimicrobiana) no leito da ferida (Atiyeh *et al.*, 2007).

O alho (*Allium sativum*) é outro agente terapêutico versátil utilizado no tratamento de doenças não transmissíveis (cancro, envenenamento por metais pesados, imunossupressão e hipertensão) (Abdullah *et al*,   1988) e doenças infecciosas (bacterianas, fúngicas, virais e

protozoários) de doenças (Adetumbi e Lau, 1983). O efeito antimicrobiano do alho deve-se à conversão da alliina em alliicina pela allinase, que só ocorre quando o bolbo é esmagado e as células são lisadas, permitindo a interação entre o substrato e a enzima (Cavallito e Bailey, 1944). Estes e outros compostos de enxofre presentes no alho perturbam várias vias biossintéticas (como a produção de aminoácidos, proteínas, ARNm e ácidos gordos), levando à apoptose das células bacterianas (Ankri e Mirelman, 1999; Harris *et al.*, 2001). Observam-se efeitos adicionais nas células de *P.* aeruginosa, uma vez que o alho interfere com o sistema de deteção de quorum (Bjarnsholt *et al.*, 2005a), levando a um enfraquecimento da virulência durante a infeção (Harjai *et al.*, 2010).

A miíase (terapia com larvas) é a infestação do corpo por larvas de moscas que eclodem e se alimentam de tecido humano. Muitas feridas cutâneas (por exemplo, queimaduras e úlceras) são passíveis de terapia com larvas, particularmente aquelas com grandes quantidades de tecido necrótico que devem ser removidas antes do início da cicatrização (Gottrup e Jorgensen, 2011). As larvas de garrafa verde estéreis (por exemplo, *Lucilia sericata*) são utilizadas pela sua rápida digestão de tecido necrótico e estimulação do exsudado da ferida, mas, mais importante ainda, são capazes de reduzir a carga biológica das feridas através da produção de bactericidas potentes (Simmons, 2009).

Originalmente, a terapia com larvas envolvia a colocação de larvas soltas diretamente no leito da ferida; no entanto, estão atualmente a ser fabricados pensos especiais contendo larvas num saco de rede para o tratamento de feridas cutâneas (Dumville *et al.*, 2009). Quando se comparam as terapias de desbridamento convencionais e a terapia com larvas, não se encontra qualquer diferença significativa (o desempenho é igualmente bom), mas está associada a algumas conotações negativas em termos da perspetiva do doente (Heitkamp *et al.*, 2012).

2.6.1 Nanopartículas para a cicatrização de feridas

A cicatrização de feridas continua a ser um problema difícil que exige o tratamento de feridas. Assim que revestimos qualquer biomaterial com nanopartículas, este é utilizado como um potencial material de penso. Os nanomateriais melhoram a cicatrização de feridas. As nanopartículas metálicas, como o ouro e a prata, têm excelentes propriedades, tais como baixa toxicidade in vivo e actividades bacteriostáticas e bactericidas. O processo de cicatrização de feridas compreende 4 fases principais: Hemostase, Inflamação, Proliferação e Remodelação. O principal objetivo da cicatrização de feridas é uma cicatrização bem organizada com uma formação mínima de cicatrizes. O tamanho dos nanomateriais é de 10-9 m (1nm). A nanotecnologia e a utilização de nanomateriais é um domínio em rápida expansão que engloba o avanço dos recursos criados pelo homem à escala molecular ou nano. Com a extensão dos materiais à escala nanométrica, muitas aplicações biomédicas estão a ser utilizadas para prevenir um grande número de doenças.

(Deepachitra *et al.*, 2015; Mohammad *et al.*, 2014 e Chiara Rigo *et al.*, 2013). Uma vez que o tamanho do material é reduzido à nanoescala, é possível criar uma área de superfície significativamente maior, uma superfície irregular e uma melhor relação superfície/volume, resultando em melhores propriedades físico-químicas.

Os medicamentos que contêm nanopartículas de polímeros, metais e cerâmicas podem atuar contra agentes patogénicos humanos, como bactérias e até mesmo cancro.

2.6.2 Nanopartículas de prata para a cicatrização de feridas

A prata é utilizada como agente bactericida devido às suas propriedades antibacterianas; a prata é utilizada para tratar queimaduras e uma grande variedade de infecções de feridas. No entanto, é utilizada em domínios biomédicos excepcionais, nomeadamente no tratamento de feridas e queimaduras. As feridas crónicas são, no entanto, tratadas com nitrato de prata. Atualmente, são utilizadas diferentes formulações de revestimentos de prata em pensos para assegurar a administração bem organizada de medicamentos e a afinidade do penso com a ferida, desempenhando também um papel importante no tratamento de feridas (Deepachitra *et al.*, 2015).

Um penso à base de nanopartículas de prata já não constitui um obstáculo à cicatrização de queimaduras excessivamente finas. Os benefícios dos pensos de nanopartículas de prata não parecem ter um efeito negativo na proliferação de fibroblastos e queratinócitos, mesmo a longo prazo, o que promove a cicatrização de feridas. Quando revestimos colagénio com nanopartículas de prata, isto sugere uma atividade antibacteriana e torna-o adequado para pensos (Mohammad *et al.*, 2014 e Ali *et al.*, 1991).

2.6.3 Nanopartículas de ouro para a cicatrização de feridas

As nanopartículas de ouro (AuNPs) são biocompatíveis. As nanopartículas de ouro podem ser utilizadas na administração de medicamentos e na cicatrização de feridas. A reticulação do colagénio com nanopartículas de ouro permite que biomoléculas como péptidos, factores de crescimento e moléculas de adesão celular sejam absorvidas sem esforço, imobilizando-as na superfície do ouro, sem modificar mais a estrutura do colagénio. O colagénio é geralmente utilizado sob a forma de um gel que pode ser utilizado na engenharia de tecidos e na administração de medicamentos. Quando revestimos o colagénio com nanopartículas de ouro, este apresenta propriedades como antibacteriano, biodegradável e biocompatível. É por isso que é utilizado na cicatrização de feridas. Quando combinamos quitosano gelatinoso com nanopartículas de ouro, este apresenta um efeito seguro e adequado na cicatrização de feridas (Deppachitra *et al.*, 2015 e Ali *et al.*, 1991).

2.6.4 Utilizar o mel de manuka para tratar feridas

A importância do mel no tratamento das feridas é reconhecida desde há muito tempo. Esta propriedade curativa está relacionada com a ação antibacteriana e antioxidante do mel, que mantém a ferida húmida, e com a sua elevada viscosidade, que forma uma barreira protetora sobre a ferida e evita a infeção por microrganismos. A sua atividade imunológica também é aplicável à cicatrização de feridas, uma vez que exerce simultaneamente efeitos pró e anti-inflamatórios (Mandal *et al.*, 2011 e Majtan *et al.*, 2013). A cicatrização normal de feridas é um processo complexo que consiste numa sucessão de eventos sobrepostos (coagulação, inflamação, proliferação celular, remodelação dos tecidos), durante os quais o tecido lesionado é progressivamente destacado e substituído por tecido cicatrizante (Falanga, 2005). Embora a inflamação habitual desapareça em 1-2 dias devido à redução do número de neutrófilos, a acumulação destas células no local da ferida contribui para a criação de uma rede desordenada de citocinas reguladoras, mantendo a ferida num estado altamente crónico de inflamação (Sell *et al.*, 2012). Nestas feridas crónicas, as células bacterianas existem principalmente sob a forma de biofilmes, nos quais as células estão embebidas numa matriz de polissacáridos e outros elementos que limitam a acessibilidade dos antibióticos para a cicatrização. Além disso, o aparecimento de resistência bacteriana a vários antibióticos tornou mais difícil o tratamento de feridas crónicas com biofilmes (Engemann *et al.*, 2003).

Os produtos terapêuticos atualmente muito utilizados no tratamento de feridas (SSDs (sulfadiazina de prata), hidrogéis, alginatos e pensos hidrocolóides impregnados de prata) são considerados úteis para infecções bacterianas restritivas, embora a utilização excessiva de prata iónica tenha suscitado preocupações quanto ao desenvolvimento de resistência bacteriana (Percival *et al,* 2008 e Loh *et al,* 2009); nos últimos anos, isto levou a uma tendência na medicina para aumentar a sensibilização para os produtos naturais com atividade antimicrobiana e a sua utilização na prática clínica.

O baixo custo e a ausência de risco de resistência antimicrobiana dos produtos naturais, como o mel, a curcumina ou o aloé vera, são os principais argumentos a favor da utilização de produtos naturais no tratamento de feridas (Davis e Perez, 2009). Apesar de ser um tratamento tópico inicial de feridas, o mel estabeleceu-se na medicina convencional como um produto médico certificado, partilhado em pensos estéreis ou esterilizado em tubos (Jenkins e Cooper, 2012).

A redução do tempo de cicatrização quando tratada com mel é frequentemente explicada por um efeito duplo na reação inflamatória. Em primeiro lugar, o mel evita uma resposta inflamatória prolongada ao suprimir a acumulação e a disseminação de células inflamatórias no local da ferida; em segundo lugar, estimula a acumulação de citocinas pró-inflamatórias, permitindo uma cicatrização habitual (Tomblin *et al.,* 2014) e estimula a proliferação de fibroblastos e células epiteliais (Visavadia *et al.,* 2008 e Tonks *et al.,* 2001). Os efeitos do mel e dos seus componentes na formação de citocinas inflamatórias foram estudados em células monocíticas humanas primárias (Riches, 1996). Estes estudos mostraram que o mel de Manuka estimula a formação das citocinas inflamatórias IL-1в, TNF-a ou IL-6 por um mecanismo dependente do TLR4. Pela primeira vez, foi isolado do mel de manuka um componente de 5,8 kDa responsável pela indução de citocinas em monócitos humanos por TLR4 (Tonks *et al.*, 2007).

Os microrganismos que colonizam uma queimadura provêm da flora respiratória e do trato gastrointestinal do paciente, da pele do corpo ou de fontes externas contaminadas, como o ar, o solo e a água (Hern *et al.*, 2009). A utilização adequada de mel de Manuka elimina rapidamente as infecções das feridas e promove o processo de cicatrização de feridas profundas, cirúrgicas e infectadas (Nisbet *et al.*, 2010), mesmo que estas não respondam ao tratamento padrão com antibióticos e anti-sépticos.

Além disso, a aplicação de mel de Manuka em queimaduras reduz o tamanho da ferida, tem um efeito antibacteriano e promove a reepitelização em comparação com o tratamento com SSD ou hidrofibra. Para além disso, o efeito anti-inflamatório do mel de Manuka reduz os danos causados pelos radicais livres na inflamação, prevenindo a necrose adicional.

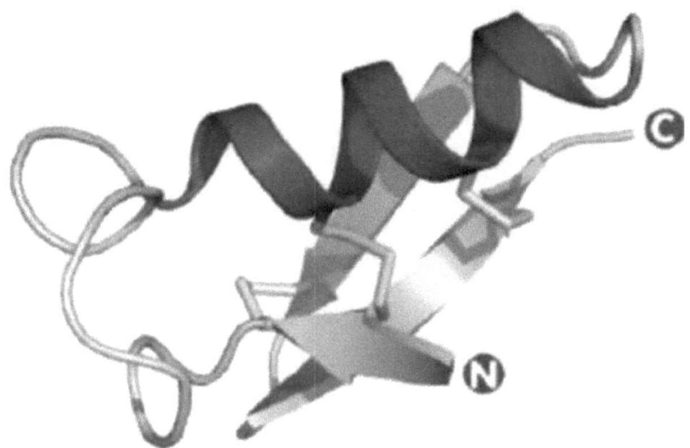

Figura 2.4: Modelo de homologia da defensina-1 *de Apis mellifera*.

O efeito antibacteriano do mel de Manuka depende de vários factores que actuam individualmente ou em sinergia. Os mais importantes são o pH da ferida, os compostos fenólicos, o pH do mel de manuka, o H2O2 e a pressão osmótica exercida pelo próprio mel de manuka (Alvarez-Suarez *et al.,* 2013). Outros compostos antimicrobianos presentes no mel de manuka incluem a defensina-1 da abelha (Figura 2.6), uma variedade de compostos fenólicos e hidratos de carbono compostos (Bogdanov *et al.,* 2008 e Alvarez-Suarez *et al.,* 2010).

O agrupamento destes diferentes ataques pode ser a razão pela qual as bactérias não conseguem desenvolver resistência ao mel de manuka, ao contrário da rápida indução de resistência observada com os antibióticos tradicionais de componente único (Blair *et al.,* 2009). Alguns estudos examinaram a atividade antimicrobiana do mel de Manuka e demonstraram que é eficaz contra uma vasta gama de bactérias, incluindo *Staphylococcus aureus*, *Streptococcus mutans*, *Streptococcus pyogenes*, *Pseudomonas aeruginosa*, *Proteus mirabilis* e *Enterobacter cloacae* (Maddocks *et al.,* 2013 e Majtan *et al.,* 2013). Além disso, não foram isoladas bactérias resistentes, nomeadamente *Staphylococcus epidermidis*, *Escherichia coli*, *Pseudomonas aeruginosa* e MRSA, após o contacto de isolados de feridas com concentrações subinibitórias de mel de manuka (Blair *et al.*, 2009). Isto parece dever-se, pelo menos em parte, a variações nas concentrações dos principais componentes antibacterianos do mel de manuka, peróxido de hidrogénio e MGO, que variam de acordo com a origem floral e geográfica do néctar, o tempo de armazenamento e as circunstâncias do mel de manuka, bem como quaisquer outros tratamentos que possam ter influência. A atividade anti-biofilme foi mais elevada na mistura de méis que continha a maior quantidade de mel de manuka; a eficácia dos diferentes méis de manuka testados melhorou com o aumento do teor de MGO, embora a mesma quantidade de MGO, sem ou com açúcar, não tenha conseguido eliminar os biofilmes. Isto sugere que factores adicionais nestes méis de Manuka são responsáveis pela sua forte atividade anti-biofilme (Lu *et al.*, 2014).

Foi demonstrado que o mel de Manuka elimina o *Staphylococcus aureus* resistente à meticilina (MRSA) das feridas colonizadas e inibe o MRSA *in vitro* interrompendo a divisão celular. Além disso, o mel de Manuka restaura a suscetibilidade do MRSA à oxacilina; análises moleculares mostraram que também afecta a regulação do gene mecR1, que é provavelmente responsável pela suscetibilidade restaurada (Jenkins e Cooper, 2012).

Outro estudo demonstrou um efeito sinérgico entre a rifampicina e o mel de manuka comercial aprovado pela FDA em isolados clínicos *de Staphylococcus* aureus, incluindo estirpes de MRSA. Ao contrário da rifampicina isolada, onde a resistência só foi descoberta após a incubação em placas durante a noite, a mistura de rifampicina e mel de manuka manteve a recetividade do *Staphylococcus* aureus à rifampicina (Muller *et al.*, 2013). Por conseguinte, o mel de Manuka parece oferecer um potencial real, desde que sejam possíveis novas combinações sinérgicas com antibióticos para tratar infecções de feridas causadas por bactérias MDR (multirresistentes). É fascinante notar que os antibióticos que mostraram efeitos sinérgicos com o mel de manuka pertencem a classes completamente diferentes de antibióticos, que inibem diferentes alvos, como a RNA polimerase, o ribossoma 30-S, a penicilina e as proteínas de ligação à membrana. Este resultado apoia o conceito de que o mel é uma substância complicada, talvez com vários elementos activos que actuam em mais do que um local alvo celular (Jenkins e Cooper, 2012).

Sabe-se que o mel de Manuka tem um pH relativamente baixo (3,5 - 4,5), que não só inibe a proliferação microbiana, como também estimula a ação bactericida dos macrófagos e, em feridas crónicas, reduz a atividade das proteases e aumenta a atividade dos fibroblastos e a oxigenação (Al-Waili *et al.*, 2011). Sabe-se que os factores de crescimento, como o TGF-в, se tornam fisiologicamente activos assim que são submetidos a um tratamento ácido, e a utilização de Medihoney também mostra um aumento adicional da atividade celular. Este efeito foi relatado em estudos baseados em FDH e num estudo de cicatrização de feridas in vitro, onde a suplementação com Medihoney resultou em aumentos estatisticamente significativos na proliferação e migração celular (Sell *et al.*, 2012).

Por último, o mel de manuka ativo demonstrou reduzir particularmente a resposta inflamatória na colite ulcerosa, uma doença inflamatória intestinal caracterizada por uma sobre-expressão de células inflamatórias, em linhas celulares de rim embrionário. O efeito anti-inflamatório do mel de manuka foi mais forte na presença do ligando Pam3CSK4, que é representativo da ação do mel através da via de sinalização TLR1/TLR2. O efeito anti-inflamatório do mel de manuka ativo é, portanto, específico da via (Tomblin *et al.*, 2014).

2.6.5 Aspectos comparativos do mel e de outros produtos para a cicatrização de feridas

Estão disponíveis vários produtos tópicos para o tratamento de feridas traumáticas, cirúrgicas e de queimaduras em doentes humanos e animais. A eficácia, a redução do potencial de resistência antimicrobiana, a segurança dentro e à volta da ferida, a facilidade de utilização, a disponibilidade e o custo são factores importantes a considerar na escolha de um produto para cicatrização de feridas. Vários estudos compararam a eficácia do mel e da SSD no tratamento de queimaduras, e todos relataram maior eficácia do mel (Subrahmanyam, 1998; Wynne *et al.*, 2004; Malik *et al.*, 2010; Bradshaw, 2011). Foi referido que vários aspectos do mel contribuem para as propriedades gerais de cicatrização de feridas, incluindo as propriedades antibacterianas e a não aderência ao local da ferida, o que impede que os pensos adiram ao tecido de granulação e sejam depois removidos durante as mudanças de pensos de rotina (Molan, 2006). Um estudo efectuado em doentes que sofriam de duas queimaduras parciais em partes semelhantes do corpo avaliou a eficácia da cicatrização das feridas com mel num local e SSD no outro. O tempo de cicatrização foi mais longo com SSD ($15^62 \pm 440$ dias) do que com mel e os resultados foram estatisticamente significativos (1347 ± 4^06 dias) (Malik *et al.*, 2010). As queimaduras são um tipo de ferida particularmente comum que pode estar associado a um tempo de cicatrização prolongado, a uma hospitalização mais longa e a taxas de infeção elevadas (Karayil *et al.*, 1998; Malik *et al.*, 2010). Devido à natureza e à duração do tempo de cicatrização das queimaduras, o tratamento é geralmente dispendioso (Malik *et al.*, 2010), pelo que a redução do tempo de cicatrização é rentável e importante para o conforto e a reabilitação do doente.

Um inquérito global efectuado por Hermans (1998) revelou que o SSD a 1% era o tratamento preferido para as queimaduras em medicina humana e que o mel era utilizado em cerca de 5,5% dos casos de tratamento. Embora o tratamento com compostos de enxofre seja considerado eficaz, pode levar a complicações generalizadas, incluindo neutropenia, eritema multiforme, cristalúria e metahemoglobinémia (Lockhart *et al.,* 1984; Choban e Marshall, 1987).

Um estudo clínico efectuado por Subrahmanyam (1998) comparou a progressão da cicatrização de feridas em pacientes humanos com queimaduras em menos de 40% da área de superfície corporal após a aplicação de mel ou SSD. No grupo do SSD, formaram-se crostas que tiveram de ser removidas para obter um leito de granulação, tendo sido observada secreção de fluidos em quatro doentes. No grupo do SSD, a cicatrização foi de 84% após 21 dias. Em comparação, no grupo do mel, verificou-se uma diminuição da inflamação, da taxa de infeção e da perda de fluidos por evaporação, mas não se observaram crostas nem edema. A taxa de cicatrização no grupo do mel foi de 100% após 21 dias. Em estudos comparativos que examinaram a citotoxicidade do mel em relação aos agentes de cicatrização de feridas com enxofre em culturas de células humanas, os resultados foram diferentes. Num estudo realizado por Du Toit e Page (2009), verificou-se que a prata nanocristalina era citotóxica para os queratinócitos da pele humana e para os fibroblastos dérmicos, enquanto o mel não apresentava citotoxicidade após quatro meses. No entanto, Tshukudu *et al* (2010) efectuaram experiências in vitro com mel e SSD em culturas de queratinócitos e concluíram que tanto as preparações de tratamento à base de mel como à base de prata tinham efeitos negativos na viabilidade celular após 40 horas de exposição e que não havia diferenças significativas entre as duas preparações (Tshukudu *et al,* 2010).

Os estudos acima citados demonstram os benefícios terapêuticos do mel no tratamento das infecções das feridas. Outro aspeto importante é a prevenção das infecções associadas às feridas agudas e às feridas cirúrgicas.

Num estudo que investigou as propriedades profilácticas do mel, foram removidas duas áreas de pele com 2 cm de diâmetro no antebraço dos participantes; uma área foi tratada imediatamente com mel e a outra com um penso de poliuretano (Kwakman *et al.*, 2008). Foi retirado um esfregaço de cada área após 48 horas e a colonização foi testada. A colonização de uma área foi definida como >5 unidades formadoras de colónias (CFU) de bactérias. A percentagem de locais colonizados foi de 19% no grupo do mel e de 70% no grupo do poliuretano. Este estudo demonstra as propriedades profilácticas do mel na prevenção da colonização de feridas cutâneas recentes *in vivo*.

2.6.6 Comparação entre o mel de manuka e outros tipos de mel

Uma abordagem indireta para medir o conteúdo (mineral) de um mel é a "condutividade". O mel de Manuka tem uma condutividade acima da média, cerca de quatro vezes superior à do mel de flores tradicional. Quanto mais elevada for a condutividade, melhor será o valor nutricional do mel. Quando se trata de comparar o mel de manuka com outros tipos de mel, o mel de manuka tem sempre um fator único de manuka (UMF) que pode ser um padrão global para identificar e medir a eficácia antibacteriana do mel de manuka. Basicamente, o UMF é uma garantia de que o mel vendido é de qualidade médica. Trata-se frequentemente de um valor típico de saúde que se aplica apenas ao mel de Manuka. O valor mínimo reconhecido de UMF é UMF5 - mas este só pode ser considerado benéfico para a saúde se o mel tiver uma atividade antibacteriana de UMF10+. Um valor entre UMF10 e UMF15 pode ser útil, e UMF16 e UMF20+ são considerados de qualidade superior. Embora outros méis, como o mel biológico cru, tenham de facto efeitos positivos maciços na saúde, não têm esta medida ou classificação precisa como o mel de Manuka ativo.

3. MATERIAIS

3.2 Recolha de mel

Neste estudo, foi utilizado mel de manuka ativo comercial + 20 UMFR. O mel de manuka ativo + 20 UMFR foi adquirido online em Nova Deli. A fim de minimizar qualquer alteração das propriedades antibacterianas das amostras de mel, todos os méis foram mantidos refrigerados até à sua utilização.

RFigura 3.1: Amostra de mel de manuka ativo +20 UMF .

3.3 Produtos químicos e reagentes

O nitrato de prata (AgNO3 1mM), o ácido clorocarbónico HAuCl4 (1mM) e a água desionizada foram adquiridos à Sigma. O ágar batata-dextrose a 30%, o ágar MRS e o ágar Muller-Hinton (MHA) foram adquiridos à (Hi-Media Pvt. Ltd. Mumbai).

3.4 Artigos de vidro

Todo o material de vidro (béqueres, frascos Erlenmeyer, cilindros de medição, tubos de ensaio e placas de Petri, etc.) foi adquirido à Borosil, na Índia.

3.5 Estirpes bacterianas utilizadas neste estudo

Neste capítulo, foram utilizadas estirpes padrão de *Enterococcus faecalis, Staphylococcus aureus* e *Escherichia coli para os* testes de suscetibilidade. Estas estirpes foram obtidas no IMTECH, Chandigarh, Índia.

4. MÉTODOS

4.2 Síntese de nanopartículas de prata mediada por energia solar utilizando mel de manuka ativo +20 UMFR

Foi preparada uma solução aquosa de nitrato de prata (AgNO3) 1 mM, que foi utilizada noutras experiências. A diluição de mel foi preparada misturando 1 ml de mel com 9 ml de água destilada. Para a redução do ião prata, foram adicionados 10 ml de mel aquoso a 90 ml (numa proporção de 1:9) de AgNO3 aquoso 0,1 mM. A mistura de reação foi bem agitada e exposta à luz solar intensa. A cor da solução mudou para amarelo-castanho. A mudança de cor indica a formação de nanopartículas de prata.

4.3 Síntese de nanopartículas de ouro mediada por energia solar utilizando mel de manuka ativo +20 UMFR

Foi preparada uma solução aquosa de ácido clorídrico (HAuCl4) a 1 mM, que foi utilizada para outras experiências. A diluição de mel foi preparada misturando 1 ml de mel com 9 ml de água destilada. Para a redução do ião ouro, foram adicionados 50 ml de mel aquoso a 50 ml (numa proporção de 5:5) de AuCl4 aquoso. A mistura de reação foi bem agitada e exposta à luz solar intensa. A cor da solução tornou-se castanho-escura, indicando a formação de nanopartículas de ouro.

4.4 Caracterização de nanopartículas biossintéticas de prata e ouro

4.4.1 Espectroscopia UV-Vis

A espetroscopia UV-Vis é utilizada para monitorizar a formação de nanopartículas utilizando mel, analisando o espetro da mistura de reação após a diluição de uma pequena alíquota da

amostra com água desionizada. As medições foram registadas com um espetrómetro UV-visível duplo (systonic 2203 double beam).

4.4.2 SEM

Este estudo foi efectuado para determinar o tamanho e a forma das nanopartículas biossintetizadas com mel, utilizando um analisador SEM-Zeiss. A amostra foi preparada colocando uma gota da solução contendo as nanopartículas numa grelha de cobre revestida de carbono; o excesso de solução foi removido com papel absorvente. Em seguida, deixou-se secar a película sobre a grelha do SEM e registaram-se as imagens das nanopartículas.

4.4.3 Análise espectroscópica FTIR

Os espectros de infravermelhos foram registados utilizando um espetrómetro de transformada de Fourier com um detetor RT-DLaTGS na região do infravermelho médio (MIR) na gama de 4000-400 cm-1 e a média de 128 varrimentos co-adicionados com uma resolução de 4 *cm-1* e uma abertura de 4 mm à temperatura ambiente. Devido à complexa interação dos átomos dentro da molécula, a absorção IR dos grupos funcionais pode variar numa vasta gama. No entanto, verificou-se que muitos grupos funcionais apresentam uma absorção de IV caraterística numa gama de frequências estreita e específica. Cada medição foi registada em transmitância (relação 1:100, amostra: KBr) nesta gama. Os espectros foram registados e atribuídos utilizando o software Opus, versão 6.0.

4.4.4 Determinação da atividade antibacteriana

O meio foi preparado dissolvendo 33,9 g de ágar Müller-Hinton disponível comercialmente em 1000 ml de água destilada. O meio dissolvido foi autoclavado durante 15 minutos a 121°C e a uma pressão de 15 lbs. O meio autoclavado foi bem misturado e vertido em placas de Petri (25-30 ml/placa). Nas placas de ágar secas, espalharam-se 0,5 ml de uma cultura de bactérias (*Enterococcus faecalis, Staphylococcus aureus* e *Escherichia coli*) de um dia para o outro, utilizando um agitador de vidro esterilizado, e incubou-se a 37°C durante 30 minutos. Em seguida, corta-se assepticamente um poço com um diâmetro de 6-8 mm utilizando uma broca de milho ou uma espiga esterilizada e adiciona-se a solução de nanopartículas de prata e ouro ao poço na concentração desejada. Foi utilizada uma placa de cloranfenicol como controlo positivo. As placas foram então incubadas a 37°C durante a noite. A atividade antibacteriana foi determinada medindo o diâmetro da zona de inibição formada à volta do poço.

5. OBSERVAÇÕES E RESULTADOS

5.2 Caracterização de nanopartículas biossintéticas de prata e ouro com "Active
Mel de Manuka +20 UMFR" (francês)

5.2.1 Análise visual UV

A absorção UV visível das nanopartículas de prata apresenta um máximo na gama de 400-500 nm e as nanopartículas de ouro apresentam, devido a esta propriedade, um máximo na gama de 500-600 nm. A figura 4.1 mostra que a banda clara das nanopartículas de prata foi observada a 413 nm e a banda das nanopartículas de ouro a 534 nm.

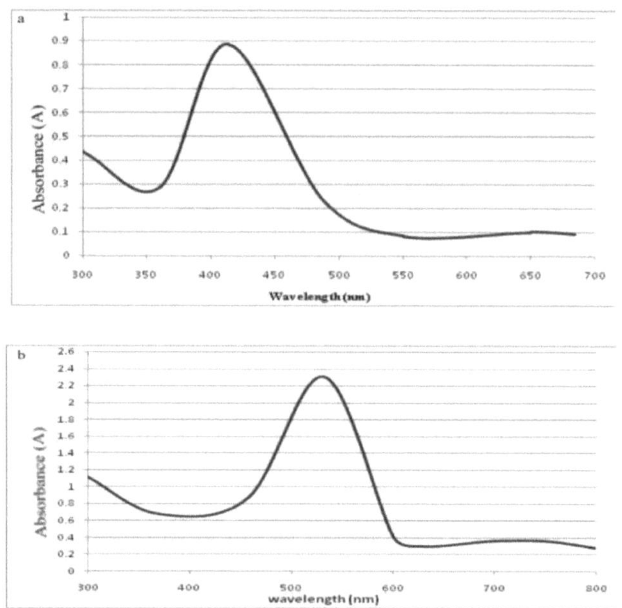

Figura 5.1: Espectros UV-Vis do mel de manuka ativo + 20 UMFR com **(a)** nanopartículas de prata **(b)** nanopartículas de ouro.

5.2.2 Análise ao microscópio eletrónico de varrimento

A morfologia das nanopartículas de prata e de ouro foi confirmada por análise SEM, que mostra que as nanopartículas metálicas têm dimensões nanométricas. A figura 4.2 mostra a agregação de nanopartículas de prata esféricas e redondas e de nanopartículas de ouro esféricas. Os diâmetros das nanopartículas de prata e de ouro sintetizadas eram inferiores a 100 nm.

Figura 5.2: Imagem SEM do mel de manuka ativo + 20 UMFR **(a)** nanopartículas de prata **(b)** nanopartículas de ouro

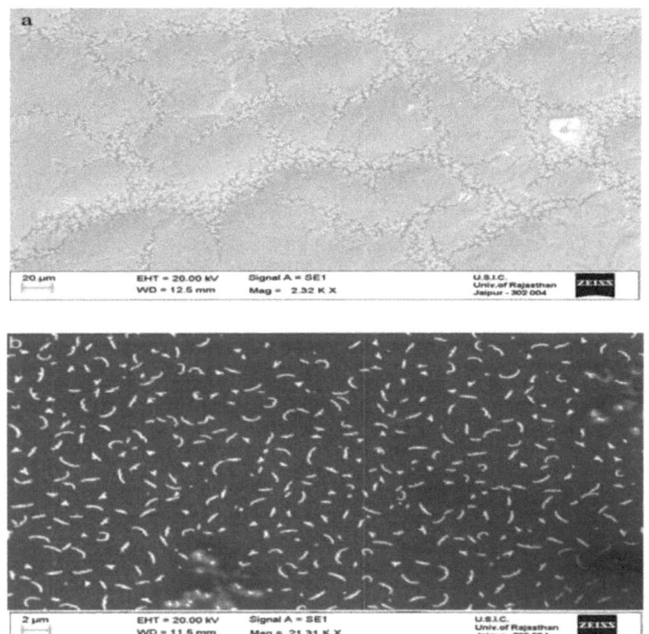

5.2.3 Análise por espetroscopia de infravermelhos com transformada de Fourier

Foram efectuadas medições de FTIR para identificar eventuais biomoléculas no

Mel de Manuka Ativo + 20 UMFR responsáveis pela cobertura que conduz à estabilização eficaz das nanopartículas de prata e de ouro. O espetro FTIR do Mel de Manuka Ativo 20+ UMFR mostra uma série de picos de absorção que reflectem a sua natureza complexa devido às biomoléculas (figura 4.3).

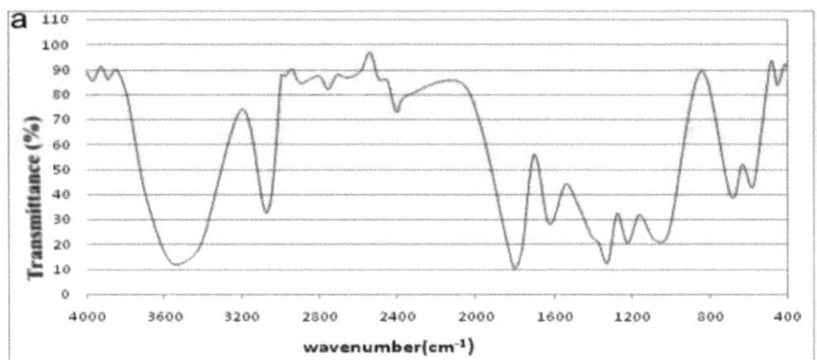

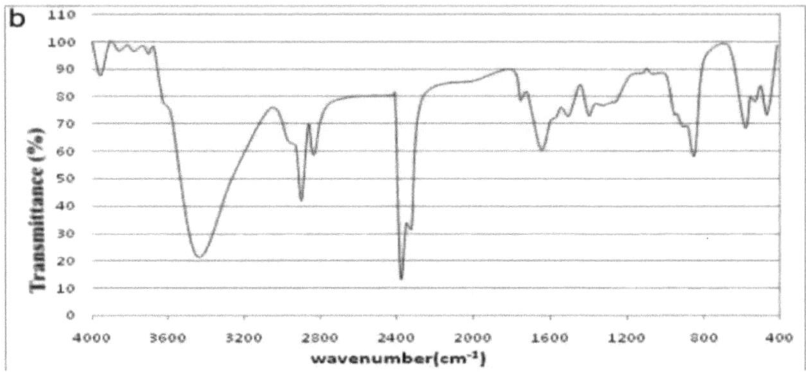

Figura 5.3: Espectro FTIR do mel de manuka ativo +20 UMFR **(a)** nanopartículas de prata **(b)** ouro

Nanopartículas

O espetro de IV das nanopartículas de prata mostra bandas de absorção notáveis a 3927, 3561, 3198, 3068, 2756, 2539, 2401, 1811, 1627, 1546, 1482, 1328, 1278, 1228, 1045, 854, 698 e 588. As bandas fortes a 1627 cm-1 e 1546 cm-1 são devidas a oscilações de estiramento de carboxilo e deformação N-H nas ligações amida da proteína. As nanopartículas de Ag podem ligar-se através de iões carboxilato livres ou grupos amino de resíduos de aminoácidos na proteína. A ligação a 1045 cm-1 é devida a oscilações simétricas de flexão C-O-C e de flexão C-O-H da proteína no mel de manuka ativo +20 UMFR.

O espetro de IV das nanopartículas de ouro mostra bandas de absorção notáveis a 3956, 3447, 3058, 2902, 2832, 2379, 1993, 1646, 1442, 1329, 1099, 847, 673, 589 e 463 cm-1. A banda forte a 3447 cm-1 é devida à oscilação de estiramento N-H das aminas primárias. As bandas a 1329 e 1099 cm-1 são possivelmente devidas a oscilações de estiramento C-N e -C-O-C, respetivamente. A banda a 673 cm-1 é devida à oscilação de flexão dos grupos N-H nas proteínas. Este resultado indica que a abertura do ciclo da glicose por abstração do protão alfa do ciclo do açúcar oxida o oxigénio e os iões metálicos da glicose em ácido glucónico e sacarose e que a proteína/enzima desempenha um papel na redução.

5.2.4 Rastreio antibacteriano

A atividade antibacteriana das nanopartículas de prata e de ouro sintetizadas a partir de mel de manuka ativo + 20 UMFR foi realizada em três bactérias responsáveis por infecções de feridas, *Enterococcus faecalis, Staphylococcus aureus* e *Escherichia coli*. A figura 4.4 mostra que as nanopartículas de prata e de ouro sintetizadas apresentam uma zona de inibição clara e bem definida contra todas as espécies bacterianas.

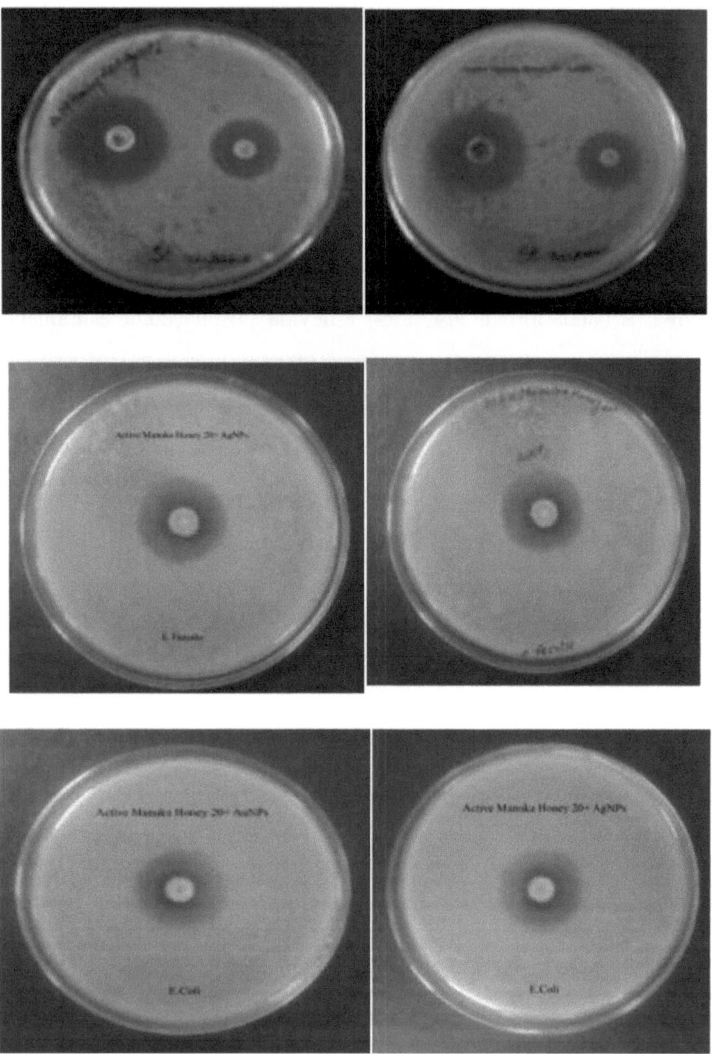

Figura 5.4: Zona de inibição das nanopartículas de prata e ouro contra (a) *Staphylococcus aureus* (b) *Enterococcus faecalis* (c) *Escherichia coli.*

6. DISCUSSÃO

A nanotecnologia é uma das áreas de investigação mais promissoras e recentes da ciência moderna. A necessidade de protocolos sintéticos amigos do ambiente para a síntese de nanopartículas está a levar a um interesse crescente em abordagens de química verde que não requerem a utilização de produtos químicos tóxicos como subprodutos. Por conseguinte, esta investigação desenvolveu um método simples, inovador, ecológico e economicamente viável para a síntese de AgNPs e AuNPs utilizando diferentes tipos de mel e estudando a sua atividade antibacteriana contra as bactérias *Enterococcus faecalis, Staphylococcus aureus* e *Escherichia coli, que* são responsáveis por infecções de feridas. A primeira caraterização das AgNPs e AuNPs foi efectuada por observação visual da mudança de cor da mistura de soluções. As cores amarelo-castanho e castanho-preto que apareceram na mistura de reação indicaram a redução de AgNO3 a AgNPs e AuCl4 a AuNPs, respetivamente.

A formação de AgNPs e AuNPs foi confirmada por espetroscopia UV-Vis, que é uma das técnicas mais utilizadas para a caraterização de nanopartículas metálicas (Philip 2010). Os resultados mostraram que os valores de absorção das AgNPs sintetizadas a partir de mel de manuka ativo +20 UMFR- 0,886 num comprimento de onda de 413 nm. Os valores de absorção das AuNPs sintetizadas a partir de mel de Manuka ativo +20 UMFR- 2,105 num comprimento de onda de 534 nm. Estas absorções são atribuídas à ressonância plasmónica de superfície (SPR) das nanopartículas, que resulta da redução dos iões Ag+ e Au+ na solução aquosa de mel. O alargamento do pico neste comprimento de onda é atribuído à formação de nanopartículas de prata e de nanopartículas de ouro polidispersas na mistura da solução (Ponarulselvam *et al.*, 2012). O pico de absorção que ocorre num comprimento de onda mais curto deve-se à presença no mel de diferentes compostos orgânicos conhecidos por interagirem com iões Ag+ e Au+. Estudos anteriores mostraram resultados semelhantes para a síntese de AgNps utilizando o mel como agente redutor e de cobertura (Haiza *et al.*, 2013; Obota *et al.*, 2013).

A análise SEM das AgNPs e AuNPs sintetizadas revelou a presença de nanopartículas redondas e esféricas bem dispersas na matriz do mel, com um tamanho de 1.100 nm. A análise FTIR foi utilizada para detetar as biomoléculas presentes nas AgNPs e AuNPs do mel. As proteínas presentes na solução de mel podem ligar-se às nanopartículas de Ag e Au através de grupos amina livres ou iões carboxilato de resíduos de aminoácidos (Ponarulselvam *et al.*, 2012). Philip (2010) descobriu que o possível agente redutor no mel é a glucose e o material de cobertura responsável pela estabilização é a proteína. Philip (2010) mencionou que o mel contém pelo menos 181 substâncias diferentes, incluindo proteínas, enzimas, aminoácidos, minerais, vitaminas e polifenóis.

Foi estudada a atividade antibacteriana das AgNPs e AuNPs contra *Enterococcus faecalis, Staphylococcus aureus* e *Escherichia coli*. As nanopartículas de prata e ouro sintetizadas mostraram uma zona de inibição clara e bem definida contra todas as espécies bacterianas. Assim, o presente estudo demonstrou a utilização de nanopartículas de prata e ouro como agentes antibacterianos verdes. A atividade antibacteriana das nanopartículas de mel tinha sido previamente demonstrada por Sreelakshmi *et al.* (2011).

O efeito inibitório das AgNPs e AuNPs no crescimento bacteriano pode dever-se à modificação da permeabilidade da membrana celular, à libertação de lipopolissacáridos e proteínas da membrana, à produção de radicais livres responsáveis por danos na membrana e à dispersão da força motivadora de protões, levando ao colapso do potencial da membrana (Kim *et al.*, 2007). Finalmente, este estudo discutiu pela primeira vez o efeito inibitório das AgNPs e AuNPs derivadas do mel no crescimento bacteriano de *Enterococcus faecalis, Staphylococcus aureus* e *Escherichia coli.*

7. CONCLUSÃO

Pela primeira vez, é apresentado um método completamente ecológico e rápido para a síntese de nanopartículas de prata e ouro utilizando mel de Manuka ativo +20 UMFR e luz solar. O método é rápido, em contraste com a cinética de redução lenta registada noutros estudos sobre a síntese de nanopartículas de Ag e Au por vias biossintéticas. A luz foi utilizada como um meio construtivo para a síntese de nanopartículas de prata e ouro num meio aquoso contendo AgNO3, HAuCl4 e mel de manuka ativo +20 UMFR, respetivamente. As nanopartículas sintetizadas mantiveram-se estáveis durante mais de seis meses à temperatura ambiente. O tamanho das nanopartículas de prata e de ouro foi estimado em menos de 100 nm. As nanopartículas de prata e ouro biorreduzidas foram caracterizadas utilizando técnicas de espetroscopia UV-Vis, SEM e FTIR. O potencial agente redutor é a frutose e o material de cobertura responsável pela estabilização são as proteínas contidas no mel de manuka ativo +20 UMFR. As nanopartículas de prata e de ouro sintetizadas com mel de manuka ativo + 20 UMFR apresentam atividade antibacteriana contra os agentes patogénicos bacterianos testados (*Enterococcus faecalis, Staphylococcus aureus* e *Escherichia coli*) e podem ser consideradas como um potencial promissor para a produção de pensos impregnados com nanopartículas de prata e de ouro para a cicatrização eficaz de feridas no futuro. De um ponto de vista tecnológico, as nanopartículas de prata e ouro assim obtidas têm aplicações potenciais no domínio biomédico, e este processo simples tem muitas vantagens, tais como a relação custo-eficácia, a compatibilidade com aplicações médicas e farmacêuticas e a produção comercial em grande escala. O principal objetivo da investigação é demonstrar como as feridas podem ser curadas utilizando mel de Manuka ativo +20 UMFR com nanopartículas. A combinação de biopolímeros e nanopartículas aceleraria muito provavelmente a cicatrização de feridas. Se encapsularmos qualquer biomaterial com nanopartículas, este pode ser utilizado como um potencial material de tratamento de feridas. O não-material melhora a cicatrização de feridas.

É de notar que existem situações em que um processo de cicatrização estagnado pode ser desencadeado por uma inflamação, tendo sido realizados estudos que demonstram que a cicatrização de feridas pode ser melhorada até certo ponto pela inoculação de bactérias vivas, mas apenas por concentrações muito baixas de bactérias que promovem uma reação inflamatória local, mas não são suficientes para retardar a cicatrização. Pensa-se que o efeito imunoestimulante do mel de Manuka ativo, modulado pela atividade anti-inflamatória, tem um efeito semelhante. Isto explicaria a observação de que o mel de manuka ativo estimula a cicatrização de feridas que não cicatrizam há muito tempo. A facilidade de administração no tratamento de feridas e a ausência de resistência aos antibióticos, como acontece com os antibióticos tradicionais, são características importantes para a utilização deste mel no tratamento de feridas clínicas. O mel é uma opção valiosa para o tratamento de feridas. O mel de manuka puro, em particular, destaca-se entre os méis pela sua atividade multifuncional no tratamento de feridas, devido à sua significativa base de evidências. Por conseguinte, pode concluir-se que as provas disponíveis sugerem que as nanopartículas de prata e ouro sintetizadas a partir de mel de Manuka ativo são uma ferramenta importante para o tratamento de feridas.

BIBLIOGRAFIA :

Abdullah, T. H., Kandil, O., Elkadi, A. & Carter, J. (1988). Garlic revisited: therapeutics for the major diseases of our time? *Journal of the National Medical Association* 80, 439-445.

Abuharfeil N., R. Al-Oran, e M. Abo-Shehada, (1999). "The effect of bee honey on human B and T lymphocyte proliferative activity and phagocyte activity," *Food and Agricultural Immunology*, vol. 11, no. 2, pp. 169-177. 11, no. 2, pp. 169-177.

Adams, C. J., Boult, C. H., Deadman, B. J., Farr, J. M., Grainger, M. N. C., Manley-Harris, M. & Snow, M. J. (2008). Isolamento por HPLC e caraterização da fração bioactiva do mel de manuka da Nova Zelândia (*Leptospermum scoparium*). *Carbohydrate Research* 343, 651-659.

Adams, C. J., Manley-Harris, M. & Molan, P. C. (2009). A origem do metilglioxal no mel de manuka da Nova Zelândia (*Leptospermum scoparium*). *Carbohydrate Research* 344, 1050-1053, Elsevier Ltd.

Adetumbi, M. A. & Lau, B. H. (1983). Allium sativum (alho) - um antibiótico natural. *Hypothèses médicales* 12, 227-237.

Ahmad, P Mukherjee, S Senapati, D Mandal, M.I Khan, R Kumar e M Sastry (2003). "Biossíntese extracelular de nanopartículas de prata utilizando o fungo Fusarium oxysporum", Colloids Surfaces, B: Biointerfaces, 27, pp 313-318.

Albrecht M. A., Evan C. W. e Raston C. R., (2006). A química verde e os efeitos das nanopartículas na saúde. Green Chem. 8, p. 417-432.

Ali DemirSezer e ErdalCevher (1991). Biopolímeros como materiais de cicatrização de feridas: desafios e novas estratégias, Intechopen, pp. 383-414.

Ali T., Chowdhury M. N., e Humayyd M. S., al (1991). "Inhibitory effect of natural honey on *Helicobacter pylori*", *Tropical Gastroenterology*, vol. 12, no. 3, pp. 139-143. 12, no. 3, pp. 139-143.

Al-Jabri, (2005). "Honey, milk and antibiotics", *African Journal of Biotechnology*, vol. 4, no. 13, pp. 1580-1587. 4, no. 13, pp. 1580-1587.

Allen K.L., Molan P.C., Reid G.M. (1991). Uma visão geral da atividade antibacteriana de algumas variedades de mel da Nova Zelândia. J Pharm Pharmacol. 43 : 817-822.

Alt V., Bechert T., Steinrucke P., Wagener M., Seidel P., Dingeldein E., Domann E. e Schnettler R., (2004). Uma avaliação in vitro das propriedades antibacterianas e da citotoxicidade do cimento ósseo de prata nanoparticulado. Biomatériaux, 25(18), p. 438391.

Alvarez, M.M., J.T. Khoury, T.G. Schaaff, M.N. Shafigullin, I. Vezmar e R.L. Whetten, (1997). Espectros de absorção ótica de moléculas de ouro nanocristalino. Phys. Chem. 101: 3706-3712.

Alvarez-Ortega C., Wiegand I., Olivares J., Hancock R.E., Martrnez J.L. (2011). O resistoma intrínseco de *Pseudomonas aeruginosa* contra в-lactâmicos. Virulence. 2:144146.

Alvarez-Suarez, J.M.; Giampieri, F.; Battino, M. (2013). O mel como fonte de antioxidantes na dieta: estruturas, biodisponibilidade e evidências de efeitos protetores contra doenças crônicas em humanos. *Curr. Med Chem*, *20*, 621-638.

Alvarez-Suarez, J.M.; Tulipani, S.; D^az, D.; Estevez, Y.; Romandini, S.;

Giampieri, F.; Damiani, E.; Astolfi, P.; Bompadre, S.; Battino, M. (2010). Capacidade antioxidante e antimicrobiana de diferentes méis monoflorais cubanos e sua correlação com a cor, o teor de polifenóis e outros compostos químicos. *Food Chem. Toxicol. 48*, 2490-2499.

Al-Waili N. S. e K. Y. Saloom, (1999). "Effects of topical honey on postoperative wound infections by Gram-positive and Gram-negative bacteria after caesarean sections and hysterectomies", *European Journal of Medical Research*, vol. 4, no. 3, pp. 126-130. 4, no. 3, pp. 126-130.

Al-Waili, N.S.; Salom, K.; Al-Ghamdi, A.A. (2011). Mel para cicatrização de feridas, úlceras e queimaduras; evidências para apoiar a sua utilização na prática clínica. *ScientificWorldJournal, 11*, 766-787.

Alzahrani, H.A.; Alsabehi, R.; Boukraa, L.; Abdellah, F.; Bellik, Y.; Bakhotmah, B.A. (2012). Eficácia antibacteriana e antioxidante de méis de flores de diferentes origens botânicas e geográficas. *Molecules, 17*, 10540-10549.

Alzahrani, H.A.; Boukraa, L.; Bellik, Y.; Abdellah, F.; Bakhotmah, B.A.; Kolayli, S.; Sahin, H. (2012). Avaliação da atividade antioxidante de três tipos de mel de diferentes origens botânicas e geográficas. *Glob. J. Health Sci, 4*, 191196.

Anklam, E. (1998). Uma visão geral dos métodos analíticos para determinar a origem geográfica e botânica do mel. *Food Chem. 63*, 549-562.

Ankri, S. & Mirelman, D. (1999). Propriedades antimicrobianas da alicina do alho. *Microbes et infections 1*, 125-129.

Atiyeh, B., Costagliola, M., Hayek, S. & Dibo, S. (2007). Effect of money on burn control and healing: a review of the literature. *Burns* 33 (2), 139-148.

Atrott, J. & Henle, T. (2009). Metilglioxal no mel de manuka - correlação com propriedades antibacterianas. *Jornal Checo de Ciência Alimentar* 27, 163-165.

Baban, D. e L.W. Seymour, (1998). Controlo da permeabilidade vascular em tumores, Adv. Drug Deliv. Rev. 34: 109-119.

Ball D. (2007). A composição química do mel. J Chem Educ. 84: 1643-1646.

Bankova, V. (2005). A diversidade química da própolis e o problema da normalização. *Revue d'enthnopharmacologie* 100, 4-4.

Barret, J. & Herndon, D. (2003). Efeitos da ablação de queimaduras na colonização e invasão bacteriana. *Plastic and Reconstructive Surgery* 111 (2), 744-750.

Barui A., Banerjee P., Das R.K., Basu S.K., Dhara S., Chatterjee J. (2011). Avaliação imunohistoquímica da expressão de p63, E-caderina, colagénio I e III na cicatrização de feridas de membros inferiores sob mel. Evid Based Complement Alternat Med. ID 239864. 2011 : 1-8.

Beam J.W. (2007). Tratamento de feridas superficiais a parcialmente espessadas. J Athlet Train. 42 : 422- 424.

Benbow M (2005) Tratamento de feridas. Evidence-based wound management. Londres: Whurr Publishers Ltd. pp. 19-31, 95-180.

Bhadra D., Bhadra S., Jain P., Jain N. K. (2002). Pegnology: uma visão geral dos sistemas PEG-ylated. 57(1), pp 5-29.

Bhandary, S.; Chaki, S.; Mukherjee, S.; Das, S.; Mukherjee, S.; Chaudhri, K.; Dastidar, S. G. (2012). Degradação de DNA bacteriano por um agente antimicrobiano natural usando um sistema de membrana biomimética. *Ind.*

J. Exp. Biol; 50(7), 491- 496.

Bhattacharya, S. e A. Srivastava, (2003). Síntese de nanopartículas de ouro estabilizadas com quelante metálico e formação controlada de agregados densamente compactados por elas. Proc. Indian Acad. Sci. (Chem. Sci.), 115: 613-619.

Bjarnsholt, T., Jensen, P., Rasmussen, T., Christophersen, L., Calum, H., Hentzer, M., Hougen, H., Rygaard, J., Moser, C., & outros. (2005a). O alho bloqueia a deteção de quorum e promove a cura rápida de infecções pulmonares por *Pseudomonas* aeruginosa. *Microbiologie* 151, 3873- 3880.

Blair, S. (2009a). A historical introduction to the medical use of honey. Em: Cooper, R.A., Molan, P., White, R.J. (eds) Honey in Modern Wound Management, HealthComm UK, Aberdden, 1-6.

Blair, S.E.; Cokcetin, N.N.; Harry, E.J.; Carter, D.A. (2009). A atividade antibacteriana invulgar do mel de Leptospermum de qualidade médica: espetro antibacteriano, resistência e análise do transcriptoma. *Eur. J. Clin. Microbiol. Infect. Dis. 28*, 1199-1208.

Bogdanov, S.; Jurendic, T.; Sieber, R.; Gallmann, P. (2008). Honey for nutrition and health: A review. *Am. J. Coll. Nutr. 27*, 677-689.

Bornside, G. H. & Bornside, B. B. (1979). Comparação de métodos de esfregaço húmido e biópsia de tecido para a quantificação de bactérias em cortes experimentais. *Trauma Journal* 19, 103-105.

Boukraa L., H. Benbarek, e A. Moussa, (2008). "Ação sinérgica do amido e do mel contra *Candida albicans* em correlação com o número de diastase", *Brazilian Journal of Microbiology*, vol. 39, no. 1, pp. 40-43.

Bowler, P. G. & Davies, B. J. (1999). The microbiology of infected and uninfected leg ulcers (A microbiologia das úlceras de perna infectadas e não infectadas). *Jornal Internacional de Dermatologia* 38, 573-578.

Bowler, P. G. P. (2003). Diretriz de crescimento bacteriano 10(5): reavaliação da sua importância clínica para a cicatrização de feridas. *Ostomy Wound Management* 49, 44-53.

Bowler, P. G., Duerden, B. I. & Armstrong, D. G. (2001). Microbiologia de feridas e abordagens relacionadas com a gestão de feridas. *Clinical Microbiological Reviews* 14 (2), 244-269.

Bowman, M., T.E. Ballard, C.J. Ackerson, D.L. Feldheim, D.M. Margolis e C. Melander, (2008). Inibição da fusão do VIH com nanopartículas de ouro multivalentes. J. Am. Chem. Soc. 130: 6896-6897.

Bradshaw C.E. (2011). Uma comparação in vitro da atividade antimicrobiana dos pensos de mel, iodo e prata. Biohorizons . 4 : 61-70.

Breidenbach, W. C. & Trager, S. (1995). Técnica de cultura quantitativa e infeção em feridas complexas de extremidades fechadas por retalhos livres. *Plastic and Reconstructive Surgery* 95, 860-865.

Cai, W. e X. Chen, (2007). Nanoplataformas para imagiologia molecular direccionada nos seres vivos. Small, 3: 1840-54.

Cavallito, C. J. & Bailey, J. H. (1944). Allicin, o princípio antibacteriano do allium sativum, isolamento, propriedades físicas e ação antibacteriana. *Journal of the American Chemical Society* 66, 1950-1951.

Chah, S., R.M. Hammond e N.R. Zare, (2005). Nanopartículas de ouro como sensores colorimétricos para alterações conformacionais de proteínas. Chem Biol, 12 : 323-328.

Chan, C.W.; Deadman, B.J.; Manley-Harris, M.; Wilkins, A.L.; Alber, D.G.; Harry, E. (2013). Análise do componente flavonoide do mel de manuka bioativo da Nova Zelândia (*Leptospermum scoparium*) e isolamento, caraterização e síntese de um pirrol incomum. *Food Chem. 141*, 1772-1781.

Chiara Rigo , LetiziaFerroni , IlariaTocco , Marco Roman , Ivan Munivrana , Chiara Gardin , Warren R. L. Cairns , Vincenzo Vindigni , Bruno Azzena , Carlo Barbante e Barbara Zavan (2013). Nanopartículas de prata activas para a cicatrização de feridas. Int. J. Mol. Sci. 14, 4817-4840; doi: 10.3390/ijms14034817.

Choban P. S., Marshall W. J. (1987). Leucopenia induzida por sulfadiazina de prata, frequência, características e consequências clínicas. Ann Surg. 53 : 515-517.

Collier, M., (2004). Deteção e tratamento de infecções de feridas. World Wide Wounds, 18(4): 221-25.

Connor, E. E., J. Mwamuka, A. Gole, J. Murphy e M. Wyatt, (2005). As nanopartículas de ouro são absorvidas pelas células humanas mas não causam citotoxicidade aguda. Small, 1 : 325-327.

Cooper, R. A. (2004). Uma visão geral das provas da utilização de antimicrobianos tópicos no tratamento de feridas. www.worldwidewounds.com.

Cooper, R. A. (2005). A utilização moderna do mel no tratamento de feridas. *Bee World* 86, 110-113.

Cooper, R. A., White, R, Cooper, R. A., e Molan, P. (2005). The antimicrobial activity of honey" Mel: um produto moderno para o tratamento de feridas. First 24-32 Wounds UK Aberdeen.

Cowan, T. (2013). *Manual de tratamento de feridas 2013-2014*. O guia completo para a seleção de produtos, 6ª ed. (T. Cowan, Ed.). Mark Allen Healthcare.

Danforth, B. N., Sipes, S., Fang, J. & Brady, S. G. (2006). A história da diversificação inicial das abelhas a partir de cinco genes e da morfologia. *Proceedings of the National Academy of Sciences* 103, 15118-15123.

Davies, C. E., Hill, K. E., Wilson, M. J., Stephens, P., Hill, C. M., Harding, K. G. & Thomas, D. W. (2004). Utilização de PCR de ADN ribossómico 16S e eletroforese em gel de gradiente desnaturante para análise da microflora de úlceras venosas crónicas cicatrizadas e não cicatrizadas. *Journal of Clinical Microbiology* 42, 3549-3557.

Davis, S.C. ; Perez, R. (2009). Cosmecêuticos e produtos naturais: cicatrização de feridas. *Clin. Dermatol. 27,* 502-506.

Deepachitra R., Pujitha Lakshmi R., Sivaranjani K., Helan Chandra J., Sastry T.P. (2015). Biomateriais incorporados com nanopartículas no tratamento de feridas: uma visão geral. ISSN: 0974-2115 Jornal de Ciências Químicas e Farmacêuticas; 8: 324-328.

Du Toit DF, Page BJ (2009) Uma avaliação in vitro da toxicidade celular dos pensos de mel e prata. J Wound Care 18: 383-389.

Dumville, J.C., Worthy, G., Bland, J.M., Cullum, N., Dowson, C., Iglesias, C.,Mitchell, J.L., Nelson, E.A., Soares, M.O., Torgerson, D.J. ; Equipa VenUS II. (2009) Larval therapy for leg ulcers (VenUS II): a randomised controlled trial. *British Medical Journal.* 338:b773.

Dustmann J. H., (1989). "Efeito antibacteriano do mel", *Apiacta*, vol. 14, No. 1, p. 711.

Dustmann, J. H. (1979). Efeito antibacteriano do mel. *Apiacta,* 14 (1): 7-11.

Elisabetsky E., M. J. Balick, e S. A. Laird, (1996). *Medicinal Resources of the Tropical Forest: Biodiversity and Its Importance to Human Health*, Columbia University Press, Nova Iorque, NY, EUA. Eds. pp. 101-136.

El-Sayed, I., X. Huangand, A.M. El-Sayed, (2006). Tratamento laser fototérmico seletivo de carcinomas epiteliais com nanopartículas de ouro conjugadas com anticorpos anti-EGFR. Carta do Cancro, 2 : 129-135.

Engemann, J.J. ; Carmeli, Y. ; Cosgrove, S.E. ; Fowler, V.G. ; Bronstein, M.Z. ; Trivette, S.L. ; Briggs, J.P. ; Sexton, D.J. ; Kaye, K.S. (2003). Adverse clinical and economic outcomes due to methicillin resistance in patients with *Staphylococcus* aureus infections at the surgical site. *Clin. Infect. Dis. 36*, 592-598.

Eron, L. J. (2003). Gestão de infecções da pele e dos tecidos moles: Recomendações do painel de peritos sobre pontos de decisão importantes. *Journal of Antimicrobial* Chemotherapy 52 (1), 13-17.

Falanga, V. (2005). Cicatrização de feridas e seu impacto no pé diabético. *Lancet, 366*, 1736-1743.

Fleck C. (2006). Infeção de feridas e biocidas modernos. US Derm Review. 1-5.

Fong J, Wood F (2006) Pensos de prata nanocristalina no tratamento de feridas: uma visão geral. Int J Nanomed 1: 441-449.

Forbes-Hernandez, T.Y.; Giampieri, F.; Gasparrini, M.; Mazzoni, L.; Quiles, J.L.; Alvarez-Suarez, J.M.; Battino, M. (2014). Efeitos de compostos bioativos em alimentos derivados de plantas na função mitocondrial: um foco em mecanismos apoptóticos. *Food Chem. Toxicol. 68*, 154-182.

Frank, D. N., Wysocki, A., Specht-Glick, D., Rooney, A., Feldman, R. A., Amand, A. L., Pace, N. R. & Trent, J. D. (2009). Diversidade microbiana em feridas abertas crónicas. *Reparação e Regeneração de Feridas* 17, 163-172.

Freire-Moran, L., Aronsson, B., Manz, C., Gyssens, I. C., So, A. D., Monnet, D.L., Cars, O.Grupo de Trabalho ECDC-EMA (2011). Escassez crítica de novos antibióticos em desenvolvimento contra bactérias multirresistentes - Chegou o momento de agir. *Atualização da Resistência aos Medicamentos* 14, 118-124.

French VM, Cooper RA, Molan PC (2005) A atividade antibacteriana do mel contra estafilococos coagulase-negativos. J Antimicrob Chemother 56: 228-231.

Fukuda, M. ; Kobayashi, K. ; Hirono, Y. ; Miyagawa, M. ; Ishida, T. ; Ejiogu, E.C. ; Sawai, M. ; Pinkerton, K.E. ; Takeuchi, M. (2011). O mel da selva aumenta a função imunológica e a atividade antitumoral. *Evid. Based Complement. Alternat. Med. 2011*, 908743, doi:10.1093/ecam/nen086.

Gannabathula S, Skinner MA, Rosendale D, Greenwood JM, Mutukumira AN, Steinhorn G, Stephens J, Krissansen GW, Schlothauer RC. (2012). As proteínas arabinogalactanas contribuem para as propriedades imunoestimuladoras do mel da Nova Zelândia. Immunopharmacol Immunotoxicol. 34:598-607.

Gardner DK, Lane M, Stevens J, Schoolcraft WB. (2001). Avaliação não invasiva do consumo de nutrientes em embriões humanos como medida do potencial de desenvolvimento. Fertil Steril;76 (6):1175-1180.

Gethin, G. T.; Cowman, S.; Conroy, R. M. (2008). Os efeitos dos pensos de mel de manuka no pH da superfície de feridas crónicas. *Int Wound J,* 5(2), 185-194.

Ghashm, A.A. ; Othman,   N.H.; Khattak, M.N. ; Ismail, N.M.; Saini, R.

(2010).

Efeito antiproliferativo do mel de tualang em carcinomas orais de células escamosas e linhas celulares de osteossarcoma   .

BMCComplement   .   *Altern*   .

                    Med.   *10*,   49,

doi:10.1186/1472-6882-10-49.

Glomm R.W., (2005). "Functionalized Nanoparticles for Application in Biotechnology", J.Dispersion Sci. Technology, 26, pp 389- 314.

Gottrup, F. & J0rgensen, B. (2011). Desbridamento de mades: um método alternativo para desbridamento. *Eplasty* 11, (e33-e33); 290-301.

Goya G. F., Grezu V. e Ibarra M. R. (2008). Nanopartículas magnéticas para o tratamento do cancro. Current Nanoscience. 4 (1) : S. 1-16.

Grice E.A., Segre J.A. (2012). Interação do microbioma com a resposta imune inata em feridas crônicas. Adv Exp Med Biol. 946:55-68.

Gulluce M., Sokmen M., Daferera D. et al, (2003). "Actividades antibacterianas, antifúngicas e antioxidantes in vitro do óleo essencial e extractos de metanol de partes de plantas e culturas de calos de *Satureja hortensis* L," *Journal of Agricultural and Food Chemistry,* vol. 51, no. 14, pp. 3958-3965.

Gyles C.L., Fairbrother J.M. (2010). Patogénese das infecções bacterianas em animais: *Escherichia coli.* Wiley-Blackwell (Gyles C.L., Prescott J.F., Songer .G, et al., Ed) 4:267-307.

Haiza H, Aziza A, Mohidin AH, Halin DS (2013). Síntese verde de nanopartículas de prata com mel local. Nano Hybrids, 4: 87-98.

Hammer K. A., C. F. Carson, e T. V. Riley, (1999). "Antimicrobial activity of essential oils and other plant extracts", *Journal of Applied Microbiology*, vol. 86, no. 6, pp. 985-990.

Hannan, M. Barkaat, S. Saleem, M. Usman, e W. A. Gilani, (2004). *Manuka honey and its antimicrobial potential against multi-resistant strains of typhoid salmonella*, tese de doutoramento, Departamento de Microbiologia, Universidade de Ciências da Saúde, Lahore, Paquistão.

Hansson, C., Hoborn, J., Moller, A. & Swanbeck, G. (1995). Microbial flora in venous leg ulcers without clinical signs of infection. Cultura repetida utilizando uma técnica microbiológica validada e normalizada. *Ata Derm Venereol* 75, 24-30.

Harjai, K., Kumar, R. & Singh, S. (2010). O alho bloqueia a deteção de quorum e enfraquece a virulência de *Pseudomonas aeruginosa*. *FEMS Immunology and Medical Microbiology* 58, 161-168.

Harris, J. C., Cottrell, S. L., Plummer, S. & Lloyd, D. (2001). Propriedades antimicrobianas do Allium sativum (alho). *Applied Microbiology and Biotechnology* 57, 282286.

Heath JR, Davis ME (2008). Nanotecnologia e cancro. Ann. Rev. Med. 59: 251-265.

Heitkamp, R., Peck, G. & Kirkup, B. (2012). Terapia de Madendenebridement na medicina militar moderna: Percepções e prevalência. *Military Medicine* 177 (11), 14111416.

Henriques A.F., Jenkins R.E., Burton N.F., & Cooper R.A. (2011). O efeito do mel de manuka na estrutura de *Pseudomonas aeruginosa*. *Jornal Europeu de Microbiologia Clínica e Doenças Infecciosas*, *30*, 167-171.

Henriques, A.; Jackson, S.; Cooper, R.; Burton, N. (2006). Produção e supressão de radicais livres em mel com potencial de cicatrização de feridas. *J. Antimicrob. Chemother*, *58*, 773-777.

Hermans M.H.E. (1998). Resultados de um inquérito sobre a utilização de diferentes opções de tratamento para queimaduras parciais e totais. Burns. 24:539-551.

Hern, T.T.; Rosliza, A.R.; Siew, H.G.; Ahmad, S.H.; Siti, A.H.; Siti, A.S.; Kirnpal-Kaur, B.S. (2009). Propriedades antibacterianas do mel de tualang da Malásia contra feridas e microorganismos intestinais em comparação com o mel de manuka. *BMC Complement. Altern. Med. 9*, 1-8.

Howell-Jones, R. S., M. J. Wilson, K. E. Hill, A. J. Howard, P. E. Price e Thomas, D. W. (2005). An overview of microbiology, antibiotic use and resistance in chronic skin wounds" J. Antimicrob. Chemotherapy. 55(2):143-149.

Huang X, Jain PK, El-Sayed IH, El-Sayed MA (2007). Gold nanoparticles: interesting optical properties and novel applications in cancer diagnosis and treatment (Nanopartículas de ouro: propriedades ópticas interessantes e novas aplicações no diagnóstico e tratamento do cancro). Nanomedicina (Londres, Reino Unido). 2(5) : 681-93.

Hugenholtz, P., Goebel, B. M. & Pace, N. R. (1998). Impacto de estudos independentes de cultura na visão filogenética emergente da diversidade bacteriana. *Journal of Bacteriology* 180, 4765-4774.

Inoue, K.; Murayama, S.; Seshimo, F.; Takeba, K.; Yoshimura, Y.; Nakazawa, H. (2005). Identificação de compostos fenólicos no mel de manuka como eliminadores de radicais específicos do anião superóxido utilizando ressonância de spin eletrónico (ESR) e cromatografia líquida com deteção de matriz coulométrica. *J. Sci. Food Agric. 85*, 872-878.

Jenkins, R.; Cooper, R. (2012). Atividade antibiótica melhorada contra agentes patogénicos de feridas com mel de manuka *in vitro*. *PLoS One*, vol. 7, p. 9, artigo-ID e45600.

Jeong S. H., Yeo S. Y. e Yi S. C. (2005). A influência do tamanho das partículas de enchimento nas propriedades antibacterianas das fibras compostas de polímero e prata. J Mater Sci. 40, p. 5407-5411.

Jones, R. (2001). O mel e a cura ao longo do tempo. Em *Honey and Healing*. Lund, P. Munn & R. Jones. Cardiff: International Bee Research Association; 81: 75-9.

Jones, R. (2009). Prólogo: mel e cura através do tempo. *Journal of ApiProduct and ApiMedical Science* 1 (1), 2-5.

Jubri, Z.; Rahim, N.B.; Aan, G.J. (2013). O mel de Manuka protege ratos de meia-idade contra danos oxidativos. *Clínicas*, *68*, 1446-1454.

Karayil S., Deshpande S.D., Koppikar G.V. (1998). Efeito do mel em organismos multirresistentes e sua ação sinérgica com três antibióticos comuns. J Postgrad Med. 44: 93-96.

Kato, Y.; Umeda, N.; Maeda, A.; Matsumoto, D.; Kitamoto, N.; Kikuzaki, H. (2012). Identificação de um novo glicosídeo, a leptosina, como marcador químico do mel de manuka. *J. Agric. Food Chem. 60,* 3418-3423.

Kaufman T., Eichenlaub E.H., Angel M.F. (1985). A acidificação tópica promove a cicatrização de queimaduras experimentais de pele parcial profunda: Um estudo preliminar randomizado e duplo-cego. Burns . 12 : 84-90.

Khalil, M.I.; Alam, N.; Moniruzzaman, M.; Sulaiman, S.A.; Gan, S.H. (2011). Composição de ácidos fenólicos e propriedades antioxidantes de méis da Malásia. *J. Food Sci. 76,* 921-928.

Khan F.R., Abadin U.l.Z., Raufa N. (2007). Mel: valor nutricional e medicinal. Int J Clin Pract. 61:1705-1707.

Kim JS, Kuk E, Yu KN, Kim J H, Park SJ, Lee HJ, Kim SH, Park YH, Hwang CY, Kim YK, Lee YS, Jeong DH e Cho MH. (2007). Efeitos antimicrobianos das nanopartículas de prata. Nanomedicina, 3(1), p. 95-101.

Kim KY. (2007). Plataformas de nanotecnologia e desafios fisiológicos para medicamentos anticancerígenos. Nanomedicina (NY, EUA); 3(2), p. 103-10.

Knudsen B.K.E. (2001). Evolution of antibiotic resistance and possibilities for replacement of antimicrobials in animal feed (Evolução da resistência aos antibióticos e possibilidades de substituição dos antimicrobianos nos alimentos para animais). Proc Nutr Soc. 60:291-299.

Kommareddy S., Tiwari S. B., Amiji M. M., (2005). Nanovectores poliméricos de longa circulação para entrega de genes selectivos para tumores. Technol Cancer Res Treat. 4(6) : 615-25.

Krizek, T. J. & Robson, M. C. (1975). O desenvolvimento da bacteriologia quantitativa no tratamento de feridas. *The American Journal of Surgery* 130, 579-584.

Kwakman P.H.S, Van den Akker J., Guglu A., Aslami H., Binnekade J.M., de Boer L., Boszhard L., Paulus F., Middelhoek P., te Velde A.A., Vandenbroucke-Grauls C.M.J.E., Schultz M.J., Zaat S.A.J. (2008). O mel medicinal mata bactérias resistentes a antibióticos *in vitro* e elimina a colonização da pele. Clin Infect Dis. 46:1677-1682.

Langer R. (2000). Biomateriais para administração de medicamentos e engenharia de tecidos: uma experiência laboratorial. Acc Chem Res. 33(2): 94- 101.

Lee M., Kim SW. (2005). Copolímeros conjugados com polietilenoglicol para entrega de ADN de plasmídeo. Pharm Res. 22, (1): p. 1-10.

Levine, N. S., Lindberg, R. B., Mason, A. D. & Pruitt, B. A. (1976). Quantitative swab culture and smear: a rapid and simple method for determining the number of viable aerobic bacteria on open wounds. *journal of Trauma* 16, 89-94.

Li, L., M. Fan, R. Brown, L.J. Van, J. Wang, W. Wang, Y. Song e P. Zhang, (2006). Síntese, propriedades e aplicações ambientais de materiais em nanoescala à base de ferro; uma visão geral. EnViron. Sci. Technol. 36: 405-431.

Lockhart S.P., Aushworth A., Azmy A.A.F., Raine P.A. (1984). Sulfadiazina de prata tópica: efeitos secundários e eliminação urinária. Burns. 10:9-12.

Loh, J.V.; Percival, S.L.; Woods, E.J.; Williams, N.J.; Cochrane, C. (2009). Resistência à prata em MRSA isolado de feridas e fontes nasais em humanos e animais. *Int. Wound J. 6*, 32-38.

Lookingbill, D., Miller, S. & Knowles, R. (1978). Bacteriologia das úlceras crónicas das pernas. *Arquivos de Dermatologia* 114, 1765-1768.

Lu, J.; Turnbull, L.; Burke, C.M.; Liu, M.; Carter, D.A.; Schlothauer, R.C.; Whitchurch, C.B.; Harry, E.J. (2014). O mel de Manuka pode eliminar biofilmes causados por.

Estirpes de *Staphylococcus* aureus com diferentes capacidades de formação de biofilme. *Peer J. 25*, e326, doi:10.7717/peerj.326.

Maddocks, S.E.; Jenkins, R.E.; Rowlands, R.S.; Purdy, K.J.; Cooper, R.A. (2013).

O mel de Manuka inibe a adesão e invasão de bactérias de importância médica em feridas in *vitro. Future Microbiol. 8,* 1523-1536.

Madsen, S. M., Westh, H., Danielsen, L. & Rosdahl, V. T. (1996). Bacterial colonisation and healing of venous leg ulcers. *APMIS* 104, 895-899.

Majtan, J.; Bohova, J.; Horniackova, M.; Klaudiny, J.; Majtan, V. (2013). Efeitos anti-biofilme do mel contra os patógenos da ferida Proteus mirabilis e Enterobacter cloacae. *Phytother. Res. 28,* 69-75.

Majtan, J.; Kumar, P.; Majtan, T.; Walls, A.F.; Klaudiny, J. (2010). Efeito do mel e da sua principal proteína, a geleia real 1, nas transcrições de mRNA de citocinas e MMP-9 em queratinócitos humanos. *Dermatol Exp. 19,* 73-79.

Malik K.I., Malik M.A.N., Aslam A. (2010). Mel comparado com sulfadiazina de prata em queimaduras de espessura parcial. Int Wound J. 7:413-417.

Mandal, M.D.; Mandal, S. (2011). Mel: suas propriedades medicinais e atividade antibacteriana. *Asian Pac. J. Trop. Biomed. 1,* 154-160.

Mangram, A. J., Horan, T. C., Pearson, M. L., Silver, L. C. & Jarvis, W. R. (1999). A guide to the prevention of surgical site infections. *American Journal of Infection Control* 27, 97-134.

Mao W., Schuler M. A. e Berenbaum M. R. (2013). Os componentes do mel regulam os genes de desintoxicação e imunidade na abelha ocidental Apis mellifera hoch. *Proc. Natl. Acad. Sci. EUA, 110,* 8842-8846.

Mavric, E., S. Wittmann, G. Barth e T. Henle (2008). "Identificação e quantificação do metilglioxal como o componente antibacteriano dominante do mel de manuka da Nova Zelândia (*Leptospermum scoparium)*". Molecular Nutrition and Food Research 52 : 1 - 7.

Mazel D., Davies J. (1999). Antibiotic resistance in microbes. Cell Mol. Life Sci. 56 ; 742-754.

McDonnell G., Russell A.D. (1999). Anti-sépticos e desinfectantes: atividade, ação e resistência. Clin Microbiol Rev. 12:147-179.

Mfhlen, K., K. Hand e F. Beller, (1979). Utilização de ouro radioativo no tratamento de derrames pleurais causados por cancro metastático. J. Cancer Res. Clin. Oncol, 94: 8185.

Michener, C. (2000). *Bees of the world*. Estados Unidos, The Johns Hopkins University Press; p. 913.

Michez, D., Patiny, S., Rasmont, P., Timmermann, K. & Vereecken, N. J. (2008). Filogenia e evolução da planta hospedeira em Melittidae s.l. (*Hymenoptera: Apoidea*). *Apidologie* 39, 146-162.

Modak, S. M. & Fox, C. L. (1973). Ligação da sulfadiazina de prata a componentes celulares de *Pseudomonas aeruginosa*. *Biochemistry and Pharmacology* 22, 2391-2404.

Mohammad SaeedHeydarnejad, Samira Rahnama, Mohsen Mobini-Dehkordi, ParisaYarmohammadi, HooriAslnai (2014). As nanopartículas de fita aceleram a cicatrização de feridas cutâneas em ratos (Musmusculus), suprimindo o sistema imunitário inato. Jornal de Nanomedicina. Vol. 1, No. 2, páginas 79-87. ISSN 2322-5904.

Molan P. C., (1992). "The antibacterial activity of honey: the nature of the antibacterial activity", *Bee World,* vol. 73, no. 1, pp. 5-28.

Molan P. C., (2001). "Potential of honey in the treatment of wounds and burns" (Potencial do mel no tratamento de feridas e queimaduras), *American Journal of Clinical Dermatology*, vol. 2, n° 1, p. 13-19. 2, n° 1, p. 13-19.

Molan P.C. (2002). Reintrodução do mel no tratamento de feridas e úlceras - teoria e prática. Biblioteca Nacional de Medicina, Ostomia/tratamento de feridas. 48 : 28-40.

Molan P.C. (2006). Evidências para a utilização do mel como penso para feridas. Int J Low Extrem Wounds. 5: 40-54.

Molan, P. C. (1992a). A atividade antibacteriana do mel: 1. A natureza da atividade antibacteriana. *Bee World* 73, 5-28.

Molan, P. C. (1992b). A atividade antibacteriana do mel: 2. Variação na intensidade da atividade antibacteriana. *Bee World* 72, 59-76.

Molan, P. C. (1999). "The role of honey in the management of wounds" Journal of Wound Care, 8 Nascimento, I. P. and Leite, L. C. 1-2-2005 "The effect of passaging in liquid media and storage on Mycobacterium bovis--BCG growth capacity and infectivity" FEMS Microbiol. Lett. 24 (1):81-86.

Molan, P. C. (1999c). O papel do mel no tratamento de feridas. *Journal of Wound Care 8*: 415-418.

Molan, P. C.; Betts, J. A. (2004). Uso clínico do mel como curativo. *Jornal de Tratamento de Feridas 13*: 353-356.

Moniruzzaman, M.; Sulaiman, S.A.; Khalil, M.I.; Gan, S.H. (2013). Avaliação das propriedades físico-químicas e antioxidantes da madeira de azeda e outras plantas da Malásia.

Meles : Uma comparação com o mel de Manuka. *Chem. Cent. J. 7*, 138, doi:10.1186/1752-153X-7-138.

Moore OA, Smith LA, Campbell F, Seers K, McQuay HJ, Moore RA (2001) Revisão sistemática da utilização do mel como penso. BMC Complement Altern Med 1: 2.

Morones J. R., Elechiguerra J. L., Camacho A., Holt K., Kouri J. B., Ramirez J. T. e Yacaman M. J. (2005). O efeito bactericida das nanopartículas de prata. Nanotechnol ; 16(10) : pp2346-2353.

Mullai V, Menon T (2007) Atividade bactericida de diferentes tipos de mel contra isolados clínicos e ambientais de Pseudomonas aeruginosa. J Altern Complement Med 13 : 439-441.

Muller, P.; Alber, D.G.; Turnbull, L.; Schlothauer, R.C.; Carter, D.A.; Whitchurch, C.B.; Harry, E.J. (2013). Sinergismo entre Medihoney e rifampicina contra *Staphylococcus aureus* resistente à meticilina (MRSA). *PLoS One 8*, e57679.

Nelson, R. (2003, 22 de novembro). Antibiotic development pipeline drying up - New drugs to combat resistant organisms are not being developed, say experts. *Lancet* 362, 2-2.

Nichols, R. (1998). Infecções pós-operatórias na era das bactérias gram-positivas resistentes aos medicamentos. *The American Journal of Medicine*. 29 (104), 11S-16S.

Nisbet, H.O.; Nisbet, C.; Yarim, M.; Guler, A.; Ozak, A. (2010). Efeitos de três tipos de mel na cicatrização de feridas cutâneas. *Wounds*, *22*, 275-283.

Obota IB, Umorena SA, Johnsona AS. (2013). Síntese mediada por energia solar de nanopartículas de prata usando mel e seu potencial promissor de proteção contra corrosão para aço estrutural em ambientes ácidos. Jornal de Ciência dos Materiais e do Ambiente, 4(6): 1013-1018.

Oddo LP, Heard TA, Rodriguez-Malaver A, Perez RA, Fernandez-Muino M, Sancho MT, Sesta G, Lusco L e Vit P (2008). Composição e atividade antioxidante do mel de Trigona Carbonaria da Austrália. *J. Med. Food, 11* (4), p. 789-794.

Oelschlaegel, S.; Gruner, M.; Wang, P.; Boettcher, A.; Koelling-Speer, I.; Speer, K. (2012). Classificação e caraterização de méis de manuka com base em compostos fenólicos e metilglioxal. *J. Agric. Food Chem. 60*, 7229-7237.

Olaitan, P. B., Adeleke, O. E. & Ola, I. O. (2007). Honey: a reservoir for micro-organisms and an inhibitor for microbes. *Sciences de la santé en Afrique* 7, 159-165.

O'Meara, S., N. Cullum, M. Majid e Sheldon, T. (2000) "Systematic overviews of wound care: (3) antimicrobials for chronic wounds; (4) diabetic foot ulceration" Health Technol. Assess. 4(21):1-237.

Panacek A., Kvitek L., Prucek R., Kolar M., Vecerova R., Pizurova N., Sharma V. K., Nevecna T., e Zboril R. (2006). Silver colloid nanoparticles: Synthesis, characterization and antibacterial activity. J. Phys. Chem. B, 110(33), pp 16248-53.

Patel, S.; Cichello, S. (2013). Mel de Manuka: um alimento natural emergente com benefícios médicos. *Nat. Prod. Bioprospect, 3*, 121-128.

Patton T., Barrett J., Brennan J., e Moran N., (2006). "Use of a spectrophotometric bioassay for determination of microbial sensitivity to manuka honey", *Journal of Microbiological Methods*, vol. 64, no. 1, pp. 84-95.

Percival S. L., Bowler P. G. e Russell D. (2005). Resistência bacteriana à prata no tratamento de feridas. J. Hosp. Infect, 60(1), 1-7.

Percival, S.L.; Woods, E.; Nutekpor, M.; Bowler, P.; Radford, A.; Cochrane, C.

(2008). Recurso especial: Prevalência de resistência à prata em bactérias isoladas de úlceras de pé diabético e eficácia de curativos contendo prata. *Ostomy Wound Manag. 54,* 30-40.

Pesce, M.; Patruno, A.; Speranza, L.; Reale, M. (2013). Campos eletromagnéticos de frequência extremamente baixa e cicatrização de feridas: uso de citocinas como mediadores biológicos. *Eur. Cytokine Netw.* 24(1) : 1-10.

Pfeifer Y., Cullik A., Witte W. (2010). Resistência a cefalosporinas e carbapenemes em agentes patogénicos bacterianos gram-negativos. Int J Med Microbiol. 300:371-379.

Philip D. (2010). Síntese verde de nanopartículas de prata mediada por mel. Spectrochima Ata Parte A: Espectroscopia Molecular e Biomolecular, 75: 1078-1081.

Ponarulselvam S, Panneerselvam C, Murugan K, Aarthi N, Kalimuthu K, Thangamani S. (2012). Síntese de nanopartículas de prata a partir de folhas de *Catharanthusroseus* Linn. G. Don e as suas actividades antiplasmodiais. Asian Pacific Journal of Tropical Biomedicine, 2 (7):574-80. doi: 10.1016/S2221-1691(12)60100-2.

Radwan S. S., El-Essawy A. A., e Sarhan M. M., (1984). "Experimental evidence for the presence in honey of specific substances effective against micro-organisms", *Zentralblatt für Mikrobiologie*, vol. 139, no. 4, pp. 249-255. 139, no. 4, pp. 249-255.

Rai M., Yadav A., e Gade A. (2009). Nanopartículas de prata como uma nova geração de agentes antimicrobianos. Avanços em biotecnologia. 27(1), S. 76-83.

Rantakokko-Jalava, K., Nikkari, S., Jalava, J., Eerola, E., Skurnik, M., Meurman,

O., Ruuskanen, O., Alanen, A., Kotilainen, E., & outros autores. (2000). Amplificação direta de genes rRNA no diagnóstico de infecções bacterianas. *Journal of Clinical Microbiology* 38, 32-39.

Rendel M., Mayer C., Weninger W., Tschachler E. (2001). A aplicação tópica de ácido lático aumenta a secreção espontânea do fator de crescimento endotelial vascular pela epiderme humana construída. Br J Dermatol.145:3-9.

Riches, D.W. (1996). Envolvimento dos macrófagos na reparação, remodelação e fibrose de feridas. Em *The Molecular and Cellular Biology of Wound Repair*; Clarke, R., Ed; Plenum Press: New York, NY, USA, p. 95-141.

Robson, M. C. & Heggers, J. P. (1968). Quantificação bacteriana de feridas abertas. *Military Medicine* 134, 19-24.

Robson, M. C. & Heggers, J. P. (1970). Encerramento retardado de feridas com base na contagem de germes. *Journal of Surgical Oncology* 2, 379-383.

Robson, M. C., Mannari, R. J., Smith, P. D. & Payne, W. G. (1999). Manutenção do equilíbrio bacteriano na ferida. *The American Journal of Surgery* 178, 399-402.

Rushton I. (2007). Compreender o papel das proteases e do pH na cicatrização de feridas. Nurs Stand. 21:68-72.

Sackett, W. G. (1919). *Honey as a vetor of intestinal diseases*. Fort Collins: The Agricultural Experiment Station of the Colorado Agricultural College. S. 252.

Schepartz e M. H. Subers, (1964). "A glucose oxidase do mel I. Purification and some general properties of the enzyme", *Biochimica et Biophysica Ata*, vol. 85, no. 2, pp. 228- 237, 964.

Schneider, M., Vildozola, C. W. & Brooks, S. (1983). Avaliação quantitativa da invasão bacteriana de úlceras crónicas. Análise estatística. *The American Journal of Surgery* 145, 260-262.

Schneider, M.; Coyle, S.; Warnock, M.; Gow, I.; Fyfe, L. (2013). Atividade antimicrobiana e composição dos méis de manuka e portobello. *Phytother. Res. 27,* 11621168.

Schultsz C., Geerlings S. (2012). Resistência mediada por plasmídeo em *Enterobacteriaceae*: paisagem em mudança e implicações para a terapia. Drogas. 72:1-16.

Sell, S.A.; Wolfe, P.S.; Spence, A.J.; Rodriguez, I.A.; McCool, J.M.; Petrella, R.L.; Garg, K.; Ericksen, J.J.; Bowlin, G.L. (2012). Um estudo preliminar sobre o potencial do mel de manuka e do plasma rico em plaquetas na cicatrização de feridas. *Int. J. Biomater.* 313781; doi:10.1155/2012/313781.

Simmons, S. W. (2009). As propriedades bactericidas das excreções da larva de *Lucilia sericata. Boletim de Investigação Entomológica* 26, 559-563.

Simon A., Santos K., Blaser G., Bode U., & Molan P. (2009) Mel medicinal para tratamento de feridas - ainda o "último recurso"? *eCAM, 6,* 165-173.

Singer, A. & Clark, R. (1999). Skin wound healing. *New England Journal of Medicine.* 341 (10), 738-46.

Smith, S. R. & Reed, J. F. (2002). Prevalência de infecções mistas em feridas do pé diabético: uma perspetiva baseada numa revisão nacional. *International Journal of Lower Extremity Wounds* 1, 125-128.

Sreelakshmi CH, Datta K K, Yadav J S e Reddy SB (2011). Nanopartículas de Au e Ag derivadas de mel e avaliação da sua atividade antimicrobiana. Journal of Nanoscience and Nanotechnology, 11: 6995-7000.

Stadelmann, W. K., Digenis, A. G. & Tobin, G. R. (1998). Fisiologia e dinâmica de cicatrização de feridas cutâneas crónicas. *The American Journal of Surgery* 176, 26S-38S.

Stensberg, M. C., Wei, Q., McLamore, E. S., Porterfield, D. M., Wei, A. & Sepulveda, M. S. (2011). Estudos toxicológicos de nanopartículas de prata: Desafios e oportunidades para avaliação, monitorização e imagiologia. *Nanomedicine (Lond)* 6, 879-898.

Stephens, J.M. ; Schlothauer, R.C. ; Morris, B.D. ; Yang, D. ; Fearnley, L. ; Greenwood, D.R. ; Loomes, K.M. (2010). Composição fenólica e metilglioxal em alguns méis de manuka e kanuka da Nova Zelândia. *Food Chem. 120*, 78-86.

Strateva T., Yordanov D. (2009). *Pseudomonas aeruginosa* - um fenómeno de resistência bacteriana. J Med Microbiol. 58 : 1133-1148.

Suarez-Luque, S., I. Mato, J. F. Huidobro, J. Simal-Lozano e T. Sancho (2002). "Determinação rápida de ácidos orgânicos minoritários no mel por cromatografia líquida de alta eficiência". Journal of Chromatography 955: 207 - 214.

Subrahmanyam M. (1998). Um estudo clínico e histológico prospetivo e aleatório da cicatrização de queimaduras superficiais com mel e sulfadiazina de prata. Burns, 24: 157-161.

Swellam, T.; Miyanaga, N.; Onozawa, M.; Hattori, K.; Kawai, K.; Shimazui, T.; Akaza, H. (2003). Atividade antineoplásica do mel num modelo experimental de implantação de cancro da bexiga: estudos *in vivo* e *in vitro*.

Int. J. Urol. 10, 213-219.

Taylor P.L., Ussher A.L. e Burrell R.E., (2005). Efeitos do calor em pensos de prata nanocristalina. Parte I: Propriedades químicas e biológicas. Biomaterials, 26(35), p. 7221-9.

Tenover F.C. (2006). Mechanisms of antimicrobial resistance in bacteria (Mecanismos de resistência antimicrobiana em bactérias). Am J Med. 119:S3-S10.

Timm M., Bartelt S., Hansen E.W. (2008). Os efeitos imunomoduladores do mel não podem ser distinguidos da endotoxina. Cytokines. 42:113-120.

Tomas-Barberan, F.A.; Ferreres, F.; Garcia-Viguera, C.; Tomas-Lorente, F. (1993). Flavonóides em mel de diferentes origens geográficas. *Z. Lebensm. Unters. Forsch. 196,* 38-44.

Tomblin, V.; Ferguson, L.R.; Han, D.Y.; Murray, P.; Schlothauer, R. (2014). Caminho potencial para o efeito antiinflamatório dos méis da Nova Zelândia. *Int. J. Gen. Med. 7*, 149-158.

Tonks A.J., Cooper R.A., Jones K.P., Blair S., Parton J., Tonks A. (2003). Honey stimulates monocyte production of inflammatory cytokines. Cytokines. 21 : 242247.

Tonks A.J., Dudley E., Porter N.G., Parton J., Brazier J., Smith E.L., Tonks A. (2007). Um componente de 5,8 kDa do mel de manuka estimula as células imunitárias através de TLR4. J Leukoc Biol. 82:1147-1155.

Tonks, A.; Cooper, R.A.; Price, A.J.; Molan, P.C.; Jones, K.P. (2001). Estimulação da libertação de TNF-alfa em monócitos pelo mel. *Cytokines*, *14*, 240-242.

Toprak E., Veres A., Michel J.B., Chait R., Hart D.L., Kishony R. (2012). Caminhos evolutivos para a resistência a antibióticos sob seleção de drogas mantida dinamicamente. Nat Genet. 44:101-105.

Trengove, N. J., Stacey, M. C., McGechie, D. F. & Mata, S. (1996). Qualitative bacteriology and healing of leg ulcers (bacteriologia qualitativa e cicatrização de úlceras de perna). *Journal of Wound Care* 5, 277-280.

Tshukudu G.M., van der Walt M., Wessels Q. (2010). Estudo comparativo in vitro de preparações de feridas com mel e prata sobre a viabilidade celular. Burns 36:1036-1041.

Tuberoso, C.I. ; Bifulco, E. ; Jerkovic, I. ; Caboni, P. ; Cabras, P. ; Floris, I. (2009). Seringato de metilo: um marcador químico do mel de asfódelo monofloral (*Asphodelus microcarpus* Salzm. et Viv.). *J. Agric. Food Chem. 57*, 3895-3900.

Vindenes, H. & Bjerknes, R. (1995). Colonização microbiana de grandes feridas. *Burns* 21, 575-579.

Visavadia, B.G.; Honeysett, J.; Danford, M.H. (2008). Pensos de mel de Manuka: um tratamento eficaz para infecções crónicas de feridas. *Br. J. Oral Maxillofac. Surg. 46*, 55-56.

Wallace, A. ; Eady, S. ; Miles, M. ; Martin, H. ; McLachlan, A. ; Rodier, M. ; Willis, J. ; Scott, R. ; Sutherland, J. (2010). Demonstração da segurança do mel de manuka UMF 20 num estudo clínico humano em indivíduos saudáveis. *Br. J. Nutr, 103*, 1023-1028.

Wang S. B. ; Pang S. B.; Gao M.; Fang L. H. e Du G. H., (2013). A pinocembrina protege os ratos contra a lesão cerebral isquémica causada por epóxido hidrolase solúvel e ácidos epoxieicosatriénicos. *Chin. J. Nat. Med. 11*(3),

207-213.

Weese J.S. (2008). Uma visão geral das infecções multirresistentes no local da cirurgia. Vet Comp Orthop Traumatol. 21:1-7.

Weese J.S., van Duijkeren E. (2010). *Staphylococcus aureus* e *Staphylococcus pseudintermedius* resistentes à meticilina em medicina veterinária. Vet Microbiol. 140:418-429.

Westman E.L., Matewish J.M., Lam J.S. (2010). *Pseudomonas aeruginosa* : In : Pathogenesis of bacterial infections in animals. Wiley-Blackwell (Gyles C.L., Prescott J.F., Songer .G, et al., Ed) 4ª Edição. 443-448.

Weston, R. J. e L. K. Brocklebank (1998). "A composição oligossacárida de alguns méis da Nova Zelândia". Food Chemistry 64: 33 - 37.

Weston, R. J., Mitchell, K. R,   & Allen, K. L. (1999). Compostos fenólicos antibacterianos
Components of New Zealand manuka honey (Componentes do mel de manuka da Nova Zelândia). *Química alimentar, 64*, 295-301.

Wheat, E-J., (2004) "The antibacterial activity of Welsh honey" (A atividade antibacteriana dos méis do País de Gales) MPhil University of Wales Institute Cardiff.

White R, Cooper R, Molan P (2005) Honey: a modern wound care product (Mel: um produto moderno para o tratamento de feridas). Aberdeen, Wound UK Publishing; pp. 54-78.

Blanc R. (2005). Os benefícios do mel no tratamento de feridas. Nurs Stand. 20:57-64.

White, J. W., Willson, R. B., Maurizio, A. & Smith, F. G. (1975). Composição do mel. Em Crane, E. (ed) *Honey. A comprehensive survey.* William Heinemann Ltd, UK ; p. 157-206.

Blanc, R. (2011). Pensos e outras modalidades de tratamento tópico no controlo da carga biológica. *Jornal de Tratamento de Feridas* 20 (9), 431-439.

Winston, M. L. (1991). *The biology of the honey bee.* Cambridge: First Harvard University Press.

Wright, J. B., Lam, K. & Burrell, R. E. (1998). Tratamento de feridas numa era de crescente resistência bacteriana aos antibióticos: um papel para a terapia tópica com prata. *American Journal of Infection Control* 26, 6-6.

Wynne R., Botti M., Stedman H. (2004). Efeito de três pensos na infeção, conforto de cicatrização e custos em doentes com feridas de esternotomia: um ensaio aleatório. Chest. 125 : 43-49.

Xu Z P, Z.Q.P., Lu G Q e Yu A B, (2006). "*Inorganic Nanoparticles As Carriers For Efficient Cellular Delivery*". Chemical Engineering Science, 61: p. 1027-1040.

Yaoa, L.; Jiang, Y.; Singanusong, R.; Datta, N.; Raymont, K. (2005). Ácidos fenólicos em méis australianos de Melaleuca, Guioa, Laphostemon, Banksia e Helianthus e seu potencial para autenticação de flores. *Food Res. Internat. 38,* 651-658.

Zha, W. J.; Qian Y.; Shen, Y.; Du, Q.; Chen, F. F.; Wu, Z. Z.; Li, X.; Huang, M. (2013). Galangin suprime a inflamação das vias aéreas induzida por ovalbumina via regulação negativa de NF-KB. *Evid. Complemento baseado. Alternat. Med,* 767689.

I want morebooks!

Buy your books fast and straightforward online - at one of world's fastest growing online book stores! Environmentally sound due to Print-on-Demand technologies.

Buy your books online at
www.morebooks.shop

Compre os seus livros mais rápido e diretamente na internet, em uma das livrarias on-line com o maior crescimento no mundo! Produção que protege o meio ambiente através das tecnologias de impressão sob demanda.

Compre os seus livros on-line em
www.morebooks.shop

Printed by Books on Demand GmbH, Norderstedt / Germany